Physik mit Barrique

Lutz Kasper · Patrik Vogt

Physik mit Barrique

Eine Weinprobe in 50 Experimenten

Lutz Kasper
Schwäbisch Gmünd, Baden-Württemberg,
Deutschland

Patrik Vogt
Essingen, Rheinland-Pfalz, Deutschland

ISBN 978-3-662-62887-4   ISBN 978-3-662-62888-1   (eBook)
https://doi.org/10.1007/978-3-662-62888-1

Die Deutsche Nationalbibliothek verzeichnet diese Publikation in der Deutschen Nationalbibliografie; detaillierte bibliografische Daten sind im Internet über http://dnb.d-nb.de abrufbar.

Einbandabbildung: Michael Langner

Planung/Lektorat: Caroline Strunz
Springer ist ein Imprint der eingetragenen Gesellschaft Springer-Verlag GmbH, DE und ist ein Teil von Springer Nature.
Die Anschrift der Gesellschaft ist: Heidelberger Platz 3, 14197 Berlin, Germany

Vorwort

Wein und Physik – wie geht das zusammen? Wo das eine ausschließlich auf Genuss gründet, verbindet sich mit dem anderen für manche vielleicht ein Schultrauma. Feine Aromen und sehr entspannte Situationen auf der einen Seite, kreidestaubige Formeln und Prüfungsstress auf der anderen. So entspricht es wenigstens einem weit verbreiteten Klischee. Dass aber auch Physik genossen werden kann, erfahren alle diejenigen, die sich darauf einlassen. Mit diesem Buch möchten wir unsere Leserinnen und Leser ermutigen, die Physik „hinter den Dingen" (wieder) zu entdecken oder sie einmal aus einer neuen Perspektive zu sehen und ganz entspannt zu genießen. Wir haben dafür den Themenkomplex „Wein" gewählt, weil er in seinem Facettenreichtum vielfältige Verbindungen zur Welt physikalischer Phänomene aufweist und nicht zuletzt auch, weil wir den Rebsaft selbst sehr schätzen.

Wir bringen damit zwei alte Kulturen zueinander: die des Weins mit ihrer mehrere Tausend Jahre alten Geschichte und die der Physik, die zumindest in ihren naturphilosophischen antiken Wurzeln sowie den mechanisch-praktischen Ursprüngen auch auf über 2000 Jahre zurückblicken kann. Dabei sind wir nicht die Ersten, die eine solche Verbindung gesehen haben. Bereits im ersten Jahrhundert n. Chr. widmete Heron von Alexandria einen erheblichen Teil seiner mechanischen und pneumatischen Erfindungen dem Ab- und Umfüllen, dem Portionieren und automatisierten Mischen von Wein. Wir kommen im Verlauf des Buches darauf zu sprechen. Manche der hier zusammengestellten Ideen sind gute alte Bekannte aus Experimental-physikvorlesungen, wieder andere sind Eigenentwicklungen aus unseren schon seit Längerem verfolgten Bemühungen, Physik in lebensnahen Kontexten an Schulen und Hochschulen zu vermitteln.

Die Reihenfolge aller hier vorgestellten Experimente folgt weniger der aus Lehrbüchern bekannten physikalischen Sachstruktur, also etwa Mechanik, Thermodynamik usw. Vielmehr versuchen wir uns am Ablauf einer Weinprobe oder auch eines gelungenen Abends mit Freunden und guten Getränken zu orientieren. So starten wir mit dem Öffnen von Weinflaschen in einer erstaunlichen methodischen Vielfalt. Behalten Sie zwar Ihre Korkenzieher, aber seien Sie getrost, dass es im Fall des Falles auch mit Bäumen, Flambierbrennern oder Fahrradpumpen geht!

Ist die Flasche geöffnet, geht es oft um das richtige Belüften. Natürlich kann man eine meditative Zeremonie daraus machen. Und mancher Wein hat es bestimmt verdient. Aber was machen Sie, wenn der Besuch überraschend früh kommt? Karaffieren unter 60 s und die Flasche leeren in 2 s könnten hier eine Lösung sein. An das Belüften schließt sich in der Regel das Einschenken an und sollte ein Tropfen danebengehen, haben wir hier eine wissenschaftlich gesicherte Entschuldigung für Sie.

Einen größeren Teil der Experimente widmen wir neben den auf der Hand – oder besser auf dem Gaumen – liegenden komplexen gustatorischen Wahrnehmungen den akustischen und optischen Erscheinungen. Diese werden uns hauptsächlich vom „Zubehör", den Gläsern und Flaschen, geboten. Wir lassen sie klingen, singen und in Resonanz schwingen. Wir schauen in und durch das Glas, setzen uns eine Rotweinbrille auf und zeigen auch, welche Tricks Rotwein zu Blanc de Noirs oder gar zu Wasser werden lassen.

In einer vornehmlich mechanischen Abteilung werden wir akrobatisch und heben scheinbar die Gravitation auf. Schwebende Korkenzieher und Gläser oder auch das randvolle Schorleglas in der Überschlagsschaukel werden Ihnen hier begegnen. Oder Sie lassen sich von Pythagoras persönlich zur Genügsamkeit erziehen.

Am Ende der Weinprobe wird uns vielleicht der Wein ausgegangen sein, aber nicht die physikalische Aufmerksamkeit. Auch mit den Hinterlassenschaften, den leeren Gläsern und Flaschen, den Kerzen und dem Tischtuch lässt sich noch experimentieren.

Sie werden sehen, eine Weinprobe ist vor allem eines: angewandte Physik! Lassen Sie sich anregen zum Experimentieren, zum Fragenstellen und Antwortengeben. Und das alles ganz ohne Prüfungsstress. Alle hier vorgestellten Experimente sind von uns mehrfach erfolgreich durchgeführt worden. Die allermeisten davon sind ohne spezielle Geräte ausführbar. In aller Regel genügt gerade das, was bei einem geselligen Abend ohnehin auf dem Tisch zu finden ist. Für manche Messungen haben wir Smartphone-Apps verwendet, die bis auf wenige Ausnahmen kostenfrei zur Verfügung stehen. Allerdings übernehmen wir als Autoren keine Verantwortung für eventuell zerbrochene Lieblingsgläser, unberechenbare Schaumweinkorken oder Rotweinflecken auf Kleidung und Mobiliar! Auf jeden Fall wünschen wir Ihnen einen ungetrübten und durch die Physik noch deutlich gehobeneren Weingenuss und halten es an dieser Stelle mit Charles Darwin: Nur ein Narr macht keine Experimente!

Für hilfreiche Beratungen und experimentelle Unterstützung bei chemischen Fragestellungen danken wir Dr. Susanne Ihringer und Kevin Kärcher von der PH Schwäbisch Gmünd.

Ganz besonders möchten wir abschließend unseren Familien und insbesondere Kathrin und Diana danken für das geduldige Aushalten von tönenden Flaschen, singenden Gläsern, krachenden Holzleisten, zerschellten Gläsern und manch merkwürdigen Arrangements auf häuslichen Tischen, weiterhin für großartige Unterstützung beim Experimentieren und für wertvolle Rückmeldungen zu Texten oder Abbildungen. Das Buch wäre ohne Euch nicht oder nicht so geworden, wie es jetzt vorliegt.

im März 2022

Lutz Kasper
Patrik Vogt

Inhaltsverzeichnis

Abbildungsverzeichnis

Tabellenverzeichnis

Am Anfang ist der Korken: Physik des Flaschenöffnens

Bevor wir beginnen können – sowohl mit der Weinprobe als auch mit dem Experimentieren – steht vor uns eine verschlossene Weinflasche. In der Regel stellt das keine Herausforderung dar und ohne dem Vorgang viel Aufmerksamkeit zu schenken, wird der Korken herausgezogen. Aber allein schon dieser Beginn einer Weinprobe hat es physikalisch in sich. Warum steckt der Korken überhaupt so fest (Flaschen mit Schraubverschluss wollen wir in diesem Kapitel keine Beachtung schenken)? Wie kommt es zu dem wohlvertrauten Geräusch beim Korkenziehen? Was tun, wenn kein Korkenzieher zur Hand ist? Welcher Druck herrscht eigentlich in einer Sektflasche? Auf diese Fragen werden wir in den ersten acht Experimenten Antworten finden und darüber hinaus auch einen Blick auf den Korkenzieher als eine kraftsparende Maschine werfen.

Entkorken von Wein- und Sektflaschen

Experiment 1: „Plopp" – So schnell ist der Schall

Eine noch geschlossene Weinflasche, ein Korkenzieher und ein Smartphone sind fraglos eine vielversprechende Kombination. Mit dem einen Gerät gute Freunde benachrichtigen und mit dem anderen den Korken aus der Flasche ziehen – was will man mehr? Vielleicht dürstet aber neben der

---

Die Originalversion dieses Kapitels wurde revidiert. Ein Erratum ist verfügbar unter
https://doi.org/10.1007/978-3-662-62888-1_9

Kehle auch der „Geist" und der soll hier schließlich nicht zu kurz kommen. Also wird physikalische Achtsamkeit gleich zu Beginn, nämlich beim Öffnen der Flasche geübt. Das charakteristische Plopp-Geräusch beim Öffnen der Flasche kann uns Auskunft über die Schallgeschwindigkeit geben (Kasper & Vogt, 2020). Dafür kommt dann noch einmal das Smartphone ins Spiel. Zunächst aber: Woher kommt das Plopp-Geräusch eigentlich und warum klingt es gerade so? Und schließlich: Wie kann damit die Schallgeschwindigkeit gemessen werden?

Der Vorgang des Korkenziehens wird begleitet von der Reibung zwischen Kork und Innenwand des Flaschenhalses sowie von Luftströmungen zwischen Korkenrand und Flaschenhals nach ihrem letzten Kontakt. Dabei entsteht eine Tonmischung aus verschiedenen Frequenzen. Nun ist die Situation im Flaschenhals vergleichbar mit der in manchen Musikinstrumenten, beispielsweise in einer einseitig geschlossenen Orgelpfeife. In der Akustik spricht man hier von sogenannten *gedackten Pfeifen*. In physikalischer Sichtweise ist eine solche Orgelpfeife nichts anderes als ein einseitig geschlossenes Resonanzrohr. Die Luft in solchen Rohren schwingt bevorzugt bei ganz bestimmten Frequenzen und erzeugt somit einen spezifischen Klang. Dieser Klang hängt hauptsächlich von der Länge der Orgelpfeife und weniger von ihrem Durchmesser ab. Nun ist der Hals einer Weinflasche mit der kleinen Menge an Restgas darin (genau genommen ist es Luft mit Alkoholdampfanteilen) zwar keine Orgelpfeife, aber die Physik wirkt nach den gleichen Grundsätzen. Aus der Vielzahl an Tonfrequenzen, die beim Korkenziehen entstehen, „wählt" sich der Flaschenhals die von ihm bevorzugten aus, was zu einem spezifischen Frequenzspektrum des Grundtones und der Obertöne führt. Der kurze Moment des Korkenziehens und die starke Dämpfung der Schwingung lassen den entstehenden Klang sehr schnell abklingen. So entsteht beim Korkenziehen das sehr kurze und prägnante Plopp-Geräusch.

Hat man eine passende App auf dem Smartphone oder auf dem Computer und lässt sich die vom Flaschenhalsresonator bevorzugte Frequenz (Resonanzfrequenz) einfach messen (vgl. genutzte Apps im Literaturverzeichnis). Ein mit dem Smartphone aufgenommenes Messbeispiel zeigt der Screenshot in Abb. 1.3. Der sehr deutlich erkennbare Spitzenwert ist genau unsere gesuchte Resonanzfrequenz.

Flaschenhals und Orgelpfeifen – ein akustischer Vergleich

Einseitig geschlossene Orgelpfeifen („gedackte Pfeifen") weisen an ihrem geschlossenen Ende einen Bewegungsknoten (und damit einen Schalldruckbauch) und am offenen Ende einen Bewegungsbauch (und damit einen Schalldruckknoten) auf. Für die Grundschwingung im Resonanzfall ergibt sich daraus, dass eine Viertelwellenlänge in das Resonanzrohr passt (gestrichelte Kurve in Abb. 1.1). Aus dem allgemeinen Zusammenhang von Frequenz f, Wellenlänge λ und Ausbreitungsgeschwindigkeit $c = \lambda \cdot f$ ergibt sich als Frequenz f_0 der Grundschwingung:

$$f_0 = \frac{1}{4L} c_{Gas}$$

(*L:* Länge der Gassäule im Flaschenhals; c_{Gas}: Schallgeschwindigkeit im Gas).

Für das Restgas im Flaschenhals soll die vereinfachende Annahme gemacht werden, dass es sich um Luft handelt, von den Alkoholdampfanteilen wird hier abgesehen. Somit kann c_{Gas} durch c_{Luft} ersetzt werden. Allerdings sollte für eine genauere Abschätzung der Schallgeschwindigkeit ein anderer Effekt berücksichtigt werden. Die Ebene des Bewegungsbauches fällt nicht genau mit der Ebene der Öffnung am Flaschenhals zusammen. Das lässt sich damit erklären, dass die Luftteilchen in der Ebene der Flaschenöffnung in Schwingungen geraten und der Schalldruckknoten (der Ort minimaler Druckschwankungen) sich etwas nach außen verschiebt (Abb. 1.2). Aus diesem Grund wird eine Längenkorrektur, die sogenannte Mündungskorrektur ΔL, erforderlich. Diese entspricht gerade der Distanz der Ebenen der Flaschenöffnung und des verschobenen Schalldruckknotens.

Die Mündungskorrektur hängt vom Radius der Öffnung ab. Ihren Wert kennen wir aus Messungen (vgl. Levine & Schwinger, 1948):

$$\Delta L = 0{,}61R$$

Damit erhalten wir die Schallgeschwindigkeit beim Korkenziehen:

$$c_{Luft} = 4f_0(L + \Delta L)$$

In dem Messbeispiel beträgt die Resonanzfrequenz 1254 Hz. Dieser Wert wird benötigt, um die Schallgeschwindigkeit gemäß der im Infokasten formulierten Gleichung zu bestimmen. Jetzt muss noch die Länge der Gassäule vom Weinpegel bis zum oberen Rand des Flaschenhalses gemessen werden. Für eine bessere Genauigkeit der Schallgeschwindigkeitsbestimmung wird nach dem Korkenziehen schließlich noch der Durchmesser bzw. Radius des Flaschenhalses gemessen.

Die Beispielmessung aus Abb. 1.3 wurde an einer Weinflasche durchgeführt, die eine 6 cm lange Gassäule aufweist. Der innen gemessene Radius der Flaschenhalsöffnung beträgt – wie bei den allermeisten Standardweinflaschen – einen Zentimeter. Somit kann nun die Schallgeschwindigkeit abgeschätzt werden. Setzt man alle Werte in die Gleichung für die Schallgeschwindigkeit ein, erhält man einen Wert von 332 m/s. Die für dieses Experiment bestimmte Umgebungstemperatur von 23 °C lässt theoretisch eine Schallgeschwindigkeit von 345 m/s erwarten und liegt damit tatsächlich in der Nähe des gemessenen Wertes.

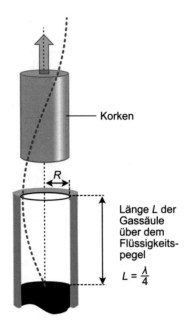

Korken

Länge L der
Gassäule
über dem
Flüssigkeits-
pegel

$L = \frac{\lambda}{4}$

R

Abb. 1.1   Der Flaschenhals als Resonanzrohr

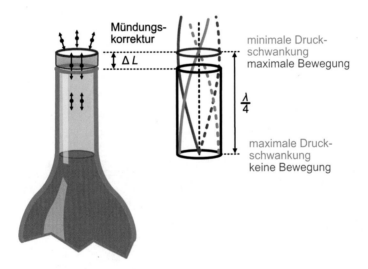

Mündungs-
korrektur

ΔL

minimale Druck-
schwankung
maximale Bewegung

$\frac{\lambda}{4}$

maximale Druck-
schwankung
keine Bewegung

Abb. 1.2   Mündungskorrektur an Röhren

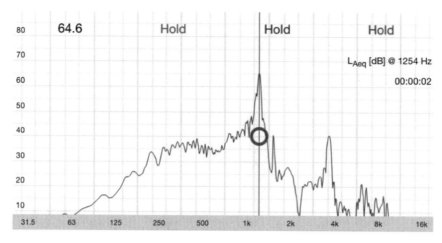

Abb. 1.3 Screenshot beim Korkenziehen (App: Spektroskop)

Mit der ausgetrunkenen Flasche lässt sich dann – möglicherweise erst am nächsten Tag – noch systematisch weiter experimentieren. Zwar ist der Korken unwiderruflich draußen, aber anstelle des Korkenziehens lässt sich mit einem angefeuchteten Finger das Geräusch durch „Herausploppen" aus dem Flaschenhals reproduzieren (Abb. 1.4 und Tab. 1.1).

Nun können wir die Messung an der wassergefüllten Flasche mit verschiedenen Füllständen wiederholen. Ein Vorteil dieser Messung ist, dass sich tatsächlich nur Luft im Flaschenhals befindet. Die Tabelle zeigt die Ergebnisse einer solchen systematischen Messreihe. Der relative Fehler liegt auch hier in einer Größenordnung von 5 %. Nicht schlecht für den Anfang! Im Laufe der Weinprobe kommen wir noch einmal auf die Schallgeschwindigkeitsmessung zurück und jetzt schon sei versprochen: Wir können es noch genauer! Zunächst bleiben wir aber noch beim Thema „Korkenziehen" und leisten im kommenden Experiment Erste Hilfe für den Notfall, dass kein Korkenzieher zur Hand ist …

Experiment 2: Entkorken durch Aufstoßen des Flaschenbodens

In diesem und den folgenden Experimenten möchten wir der Frage nachgehen, wie eine Weinflasche ohne die Verwendung eines Korkenziehers geöffnet werden kann. Stellen Sie sich beispielsweise vor, Sie haben für eine Wanderung ein schönes Picknick vorbereitet und dann tatsächlich weder Korkenzieher noch Taschenmesser zur Hand. Was auf den ersten

Abb. 1.4 Weinflasche zum „Fingerploppen" mit Zentimeter-Marken

Tab. 1.1 Messergebnisse beim „Fingerploppen" und daraus berechnete Schallgeschwindigkeiten

Länge der Gassäule L in m	Gemessene Resonanzfrequenz f_0 in Hz	Berechnete Schallgeschwindigkeit c_{Luft} in m/s
0,030	2355	340
0,040	1740	321
0,050	1488	334
0,060	1255	324
0,070	1058	322
0,080	925	328

Blick wie eine äußerst missliche Lage erscheint, ist tatsächlich gar nicht so problematisch. Ohne es zu wissen, tragen Sie nämlich in den allermeisten Situationen doch einen Korkenzieher bei sich. Dieser ist zwar keineswegs physikalisch so durchdacht, wie die in Experiment 8 beschriebenen Varianten, aber dennoch praktikabel. Die Rede ist von Ihren Schuhen! Wie soll das gehen, fragen Sie sich? Ganz einfach! Sie stecken die Flasche Wein in den Schaft Ihres Schuhs und stoßen Schuh und Flasche mehrmals kräftig gegen eine feste Unterlage (Abb. 1.5). Das kann der Boden, eine Wand oder

Abb. 1.5 Mit jedem Aufstoßen bewegt sich der Korken weiter aus dem Flaschenhals

im Wald auch ein Baumstamm sein, und mit jedem Aufstoßen bewegt sich der Korken wenige Millimeter aus dem Flaschenhals. Irgendwann ragt der Korken so weit heraus, dass er mit der Hand gezogen werden kann, und das Picknick kann beginnen.

Was ist die Erklärung für die Bewegung des Korkens? Während die Flasche mit der Hand gegen die Unterlage gestoßen wird, bewegt sich natürlich auch der Wein in Stoßrichtung. Obwohl die Flasche durch die Sohle des Schuhs während des Aufschlags abgedämpft wird, kommt sie rasch zu Ruhe. Der Wein möchte sich jedoch weiterbewegen und wird wie ein Ball, der gegen eine Wand geworfen wird, vom Flaschenboden reflektiert. So schwappt die Flüssigkeit in die andere Richtung und stößt gegen den Korken. Dieser Kraftstoß erhöht den Impuls des Korkens und versetzt ihn in Bewegung. Die Bewegung kommt infolge der wirkenden Gleitreibungskraft zwischen Glas und Flaschenhals rasch zum Erliegen, weshalb sich der Korken pro Stoß nur wenige Millimeter bewegt.

An dieser Stelle möchten wir noch darauf hinweisen, dass das Experiment zwar mit viel Krafteinsatz, aber dennoch mit aller Vorsicht durchzuführen ist.

Impuls und Kraftstoß

Der Impuls beschreibt den Bewegungszustand eines Körpers unter Berücksichtigung seiner Masse m und Geschwindigkeit $\vec{v}$. Er ist zu beiden Größen proportional und es gilt:

$$\vec{p} = m \cdot \vec{v}$$

Im Alltag nutzen wir für den Impuls eines Körpers manchmal Begriffe wie „Wucht" oder „Schwung". Vom Impuls abzugrenzen ist der Kraftstoß $\vec{I}$, der die Einwirkung einer Kraft $\vec{F}$ auf einen Körper während der Zeit t beschreibt und zu einer Änderung des Impulses führt:

$$\vec{I} = \int_{t_1}^{t_2} \vec{F}\, dt = \Delta \vec{p}$$

Sind die einwirkende Kraft und die Masse des Körpers konstant, so vereinfacht sich die Beziehung zu:

$$\vec{F} \cdot \Delta t = m \cdot \Delta \vec{v}$$

Die Einwirkung einer Kraft über eine gewisse Zeit führt also zu einer Änderung der Geschwindigkeit des betrachteten Körpers. Auch bei dem hier beschriebenen Experiment führt der erfolgende Kraftstoß zu einer kurzfristigen Zunahme der Korkgeschwindigkeit.

Experiment 3: Entkorken für Ballsportler

Die folgende Variante des Flaschenöffnens kann nur als absolut spektakulär bezeichnet werden! Geeignet ist sie insbesondere für die Leserinnen und Leser, welche einer Ballsportart nachgehen, beispielsweise Handball, Volleyball oder Basketball. Zur Verwendung kommt nämlich eine Fahrradpumpe mit Ballnadelaufsatz, wobei das Vorgehen äußerst simpel ist.

Da die Ballnadel i. d. R. etwas kürzer ist als ein Korken, durchstoßen wir diesen zunächst mit einem dünnen spitzen Gegenstand, z. B. mit einer feinen Stricknadel. Nun wird die Ballnadel in den vorgefertigten Kanal eingeführt und eine Fahrradpumpe angeschlossen (Abb. 1.6).

Jetzt wird gepumpt und obwohl die Ballnadel den Korken nicht vollständig durchstößt, kann Luft durch den vorbereiteten Kanal in die Flasche einströmen. Dies führt zu einer Zunahme des Drucks und somit zu einem Anstieg der von unten auf den Korken wirkenden Kraft (vgl. Infokasten). Pumpen wir stark genug – tatsächlich sind hierzu nur ein bis zwei Stöße

Abb. 1.6 Eingeführte Ballnadel (**a**) und Anschluss der Fahrradpumpe (**b**)

Abb. 1.7 Entkorken einer Weinflasche mit Fahrradpumpe und Ballnadel

erforderlich –, wird die zwischen Korken und Flaschenhals wirkende Haftreibungskraft überwunden, und der Korken beginnt zu gleiten (vgl. Infokasten von Experiment 45, Abb. 1.7).

Ab welchem Druck das Entkorken einsetzt, können wir am Manometer der Pumpe ablesen und damit die zwischen Korken und Flaschenhals wirkende Haftreibungskraft abschätzen. In unserem Messbeispiel setzte sich der Korken bei einem angezeigten Druck von ca. 7 bar in Bewegung, was bei einem Innenradius des Flaschenhalses R von 1 cm der folgenden Kraft entspricht:

$$F = p \cdot A = p \cdot \pi R^2 = 700.000\,\text{Pa} \cdot \pi \cdot (0{,}01\,\text{m})^2 \approx 220\,\text{N}$$

(*A*: Querschnitt des Flaschenhalses). Bei der für das Experiment genutzten Flasche beträgt die Haftreibungskraft zwischen Glas und Korken also ca. 220 N. Aufgrund des sehr einfachen Manometers ist das zunächst nur ein grober Schätzwert, der durch die Messreihe des Experiments 5 jedoch gut bestätigt werden kann. Ergänzend sei angemerkt, dass das Pumpenmanometer den in der Flasche vorhandenen Überdruck zur Atmosphäre anzeigt. Der absolute Druck liegt also um rund 1 bar höher, was für die Abschätzung der Haftreibungskraft jedoch keine Rolle spielt.

Das hier beschriebene Verfahren wird tatsächlich auch bei vielen kommerziell vertriebenen Korkenziehern genutzt. Schon lange gibt es Flaschenöffner, die mittels Kanüle und Gaspatrone funktionieren. Gerade in letzter Zeit haben die einschlägigen Discounter aber auch immer häufiger „Luftpumpenweinöffner" im Angebot, also unsere Fahrradpumpe in klein (Abb. 1.8).

Definition des Drucks

Die physikalische Größe Druck *p* entspricht dem Quotienten aus der senkrecht wirkenden Kraft *F* und der Fläche *A*:

$$p = \frac{F}{A}$$

Der Druck gibt somit an, welche Kraft auf eine Fläche von einem Quadratmeter wirkt. Seine SI-Einheit ist das Pascal (1 Pa), benannt nach dem französischen Mathematiker, Physiker und Philosophen *Blaise Pascal* (1623–1662). Im Alltag gebräuchlicher ist die Einheit Bar (1 bar), wobei gilt: 1 bar = 100.000 Pa.

Experiment 4: Entkorken mit Wärme – langsam

Das mehrfache Aufstoßen des Flaschenbodens ist Ihnen zu gewalttätig? Und der Korkenzieher fehlt noch immer? Für diesen Fall schlagen wir eine ruhige, ja nahezu meditative Variante des „Korkenschiebens" vor (Korkenziehen ist es jedenfalls nicht). Für dieses entspannte Öffnen der

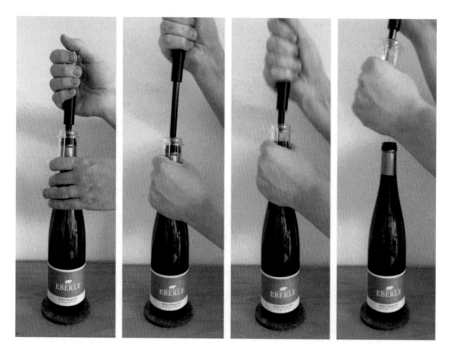

Abb. 1.8 Entkorken einer Weinflasche mit einem Luftpumpenkorkenzieher

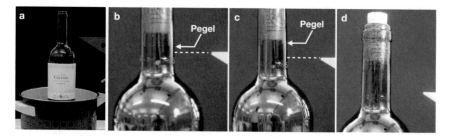

Abb. 1.9 Weinflasche im heißen Wasserbad (**a**) und thermische Ausdehnung der Flüssigkeit bis zum Herausschieben des Korkens (**b** bis **d**)

Flasche müssen allerdings ein wenig Zeit eingeplant und der Nachteil eines deutlich zu warmen Weins in Kauf genommen werden.

Außer einer Herdplatte und einem Topf mit etwas Wasser werden keine weiteren Utensilien benötigt. Der Topf mit Wasser wird auf die heiße Herdplatte gestellt und die Weinflasche darin platziert, sodass wenigstens ein Drittel der Flasche von Wasser bedeckt ist (Abb. 1.9a). Die rote Markierung rechts im Bild gibt den Weinpegel im Flaschenhals bei normaler Zimmertemperatur an. Die Herdplatte wird jetzt maximal beheizt, bis das Wasser zu sieden beginnt. Dann kann heruntergeregelt werden, sodass es weiterköchelt. Nun braucht es etwas Zeit. Wer sich für die Physik dieser Art des Entkorkens interessiert, sollte die Vorgänge genau beobachten – eine wichtige Tugend beim Experimentieren!

Nach einigen Minuten erkennt man eine Veränderung des Weinpegels im Flaschenhals (Abb. 1.9b und c). Ganz offensichtlich dehnt sich der Wein aus. Weil an der Position des Korkens noch keine Änderung erkennbar ist, können wir schließen, dass das kleine Gasvolumen zwischen Pegel und Korkenunterseite verringert wird. Im Gegensatz zu Flüssigkeiten, die sich kaum zusammenpressen lassen, können Gase einfach komprimiert werden. Mit stoischer Ruhe folgt die Weinfüllung den Gesetzen der Thermodynamik und ihrem eigenen Ausdehnungskoeffizienten (vgl. Infokasten) und dehnt sich weiter aus.

Ab einem bestimmten Punkt der Erwärmung erreicht der Weinpegel – getrennt nur durch eine sehr kleine stark zusammengepresste Gasschicht – den Korken und die Haftreibungskraft des bis dahin festsitzenden Korkens wird endlich überwunden. Der Korken wird von dem sich weiter ausdehnenden Wein sanft, aber bestimmt nach außen geschoben (Abb. 1.9d). Ab jetzt lässt sich der Effekt des Ausdehnens am Korken noch besser beobachten. Da sich in unserem Experiment nur das untere Drittel der Flasche im heißen bzw. dann auch siedenden Wasser befindet, braucht es zur Erwärmung des ganzen Flascheninhaltes etwas Zeit. In einem von uns durchgeführten Experiment hat es nach Beginn des Siedens im Topf 14 min gedauert, bis der Korken vollständig aus der Flasche gedrängt wurde!

In diesem Experiment kann letztlich die Weinflasche mit einem großen Flüssigkeitsthermometer verglichen werden. Jedes dieser Thermometer hat am unteren Ende der Skala ein kleines kugel- oder zylinderförmiges Reservoir für die Thermometerflüssigkeit (oft ist das ein Alkohol), an das sich das Steigröhrchen, eine enge Kapillare, anschließt. Im Grunde ist auch unsere Weinflasche mit ihrem großen Reservoir und der „Flaschenhalskapillare" ähnlich aufgebaut. Auch befindet sich Ethanol in unserem Flaschenthermometer, wenn es auch nur etwa 13 Vol.-% sind.

Wer sich übrigens angesichts des siedenden Wassers und der damit hohen Temperaturen Gedanken um einen möglicherweise gefährdeten Alkoholgehalt des Weins macht, kann hier beruhigt werden. Zwar ist mit bereits 78 °C die Siedetemperatur des Ethanols erreicht und er würde unter Normalbedingungen damit schnell verdampfen. Auch wird im unteren Bereich der Flasche diese Temperatur wohl überschritten. Tatsächlich kommt es aber nur zum geringfügigen Verdampfen des Ethanols, da der

Flascheninhalt durch die Flüssigkeitsausdehnung unter hohem Druck steht. Bereits bei der Erhöhung des Drucks auf das Eineinhalbfache des atmosphärischen Drucks beträgt die Siedetemperatur des Ethanols schon 90 °C. Zum Verschieben des Korkens ist jedoch ein noch weitaus höherer Druck erforderlich (s. Experiment 3 und 5) und die Siedetemperatur für den Alkohol kann somit nicht mehr erreicht werden.

Räumlicher Ausdehnungskoeffizient

Feste, flüssige und gasförmige Stoffe ändern im Allgemeinen bei Temperaturänderung ihre Abmessungen. Dieses Verhalten kennzeichnet die Stoffe und wird als räumlicher (kubischer) Ausdehnungskoeffizient γ bezeichnet. Für die Temperaturabhängigkeit des Volumens eines Stoffes gilt:

$$V(T) = V_0(1 + \gamma \Delta T)$$

(ΔT: Temperaturänderung; V_0: Ausgangsvolumen vor Temperaturänderung)

Der Ausdehnungskoeffizient selbst kann auch temperaturabhängig sein. Insbesondere beim Wasser ist dieser Effekt erheblich. Den negativen Wert des Ausdehnungskoeffizienten beim Wasser zwischen 0 und 4 °C bezeichnet man als *Anomalie des Wassers*. In diesem Bereich verringert sich das Volumen bei Temperaturerhöhung.

Beispiele für Ausdehnungskoeffizienten:

Ethanol (20 °C)	$0,0011 \text{ K}^{-1}$
Wasser (0 °C)	$-0,000068 \text{ K}^{-1}$
Wasser (20 °C)	$0,000206 \text{ K}^{-1}$
Wasser (100 °C)	$0,000782 \text{ K}^{-1}$

Die Endtemperatur des Weins beim Öffnen mit der „langsamen" Wärmemethode kann übrigens relativ einfach abgeschätzt werden. Dafür wird aus den beiden Angaben des räumlichen Ausdehnungskoeffizienten γ für Wasser und Ethanol der Ausdehnungskoeffizient für Wein berechnet. Für das Wasser muss hier wegen der großen Temperaturabhängigkeit ein mittlerer Ausdehnungskoeffizient $\overline{\gamma}$ für den zu erwartenden Temperaturbereich von etwa 20 bis 70 °C angenommen werden. Diesen haben wir experimentell ermittelt: $\overline{\gamma}_{\text{Wasser}}(20\ldots70\,°\text{C}) = 0,00043\,\text{K}^{-1}$.

Für Ethanol besteht ebenfalls eine Temperaturabhängigkeit, diese ist jedoch deutlich kleiner als beim Wasser und wir nutzen hier als Vereinfachung den für 20 °C angegebenen Wert (vgl. Infokasten).

Damit ergibt sich bei einem Ethanol-Volumenanteil im Wein von 13 % der mittlere Ausdehnungskoeffizient des Weins für den gegebenen Temperaturbereich:

$$\gamma_{\text{Wein}}(20\ldots70\,°\text{C}) = 0{,}13 \cdot \gamma_{\text{Ethanol}} + 0{,}87 \cdot \overline{\gamma}_{\text{Wasser}} \approx 0{,}00052\,\text{K}^{-1}$$

Als Nächstes müssen wir wissen, um welches Volumen sich der Wein ausgedehnt hat. Das ist einfach, da der Weinpegel bei Zimmertemperatur etwa 6 cm unter der Öffnung des zylinderförmigen Flaschenhalses stand. Der Flaschenhals hat einen inneren Radius von 1 cm. Damit ist die Volumenänderung ΔV:

$$\Delta V = L\pi R^2 = 0{,}019\,\text{l}$$

Nun haben wir alle benötigten Werte und stellen die Gleichung des temperaturabhängigen Volumens (s. Infokasten) nach der gesuchten Temperatur um:

$$\Delta T = \left(\frac{V(T)}{V_0} - 1\right)\gamma_{\text{Wein}}^{-1} = \frac{\Delta V}{V_0 \cdot \gamma_{\text{Wein}}} = \frac{0{,}019\,\text{l}}{0{,}75\,\text{l} \cdot 0{,}00052\,\text{K}^{-1}} \approx 49\,\text{K}$$

Bei einer Zimmertemperatur von etwa 22 °C können wir also eine mittlere Temperatur des Weins von rund 71 °C für den Moment annehmen, in dem der Korken vollständig aus dem Flaschenhals verdrängt wird. Diese Abschätzung enthält einige Vereinfachungen. Neben der Annahme des mittleren Ausdehnungskoeffizienten betrifft das auch die nicht erfolgte Berücksichtigung der Druckverhältnisse in der Flasche vor dem Herausschieben des Korkens. Dennoch kann die so abgeschätzte Temperatur des Weins durch unsere Messung gut bestätigt werden.

Auch wenn wir gesehen haben, dass wir uns um das Verdampfen des Alkohols bei dieser Temperatur keine Sorgen machen müssen, ist es dennoch so, dass im Wasserbad der ganze Flascheninhalt erwärmt wird. Wenn Sie nicht gerade beabsichtigen, einen Glühwein zu trinken, sollten Sie dem Wein zuliebe dringend einen anderen Weg zum Öffnen finden. Einer solchen Alternative, die ebenfalls „thermodynamisch" funktioniert, gehen wir im nächsten Experiment nach.

Experiment 5: Entkorken mit Wärme – schnell

Das thermodynamische Öffnen der Weinflasche geht natürlich auch viel schneller und ist dann deutlich schonender für den kostbaren Inhalt. Zugegeben: Wer einen Flambierbrenner in der Küche besitzt, hat in der Regel auch einen richtigen Korkenzieher. Aber vielleicht sind Sie ja gerade dabei, Fleisch oder Gemüse zu flambieren und möchten Ihren Gästen auch einen Wein anbieten. Und wenn Sie den Brenner schon einmal in der Hand haben …

Außerdem werden wir dieser Methode nachgehen, weil sie auch aus physikalischen Gründen sehr reizvoll ist.

Eine ungeöffnete Weinflasche hat zwischen ihrem festsitzenden Korken und dem Weinpegel immer ein Reservoir an Gas, das hauptsächlich aus Luft sowie etwas Wasser- und Alkoholdampf besteht. Wird an dieser Stelle der Flaschenhals von außen stark erwärmt – beispielsweise mit einem Flambierbrenner (Abb. 1.10), dann kann man nach ca. einer Minute tatsächlich erleben, wie sich der Korken aus dem Hals schiebt. Und das alles ohne Kraftaufwand! Natürlich bezahlen wir das mit der Energie aus dem Gas des Brenners.

Aber warum gelingt das überhaupt? Eine naheliegende Vermutung wäre die Ausdehnung der eingeschlossenen Luft aufgrund der starken Erwärmung. Schätzen wir doch einmal ab, wie stark die Erwärmung der

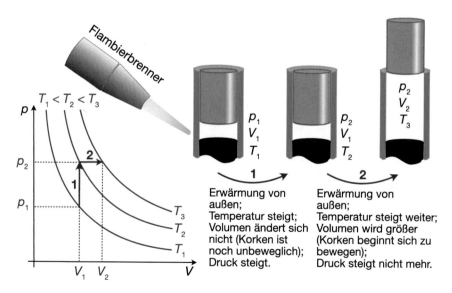

Abb. 1.10 Thermodynamischer Modellprozess beim Korkenziehen mit dem Flambierbrenner

eingeschlossenen Luft sein müsste, um den Korken herauszudrücken: Eine durchschnittliche Weinflasche hat nach dem Öffnen einen Weinpegel, der etwa 6 cm unterhalb der Öffnung liegt. Bei einem 4 cm langen Korken bleibt also ein Reservoir von 2 cm Höhe. Der Innenradius am Flaschenhals von Standardweinflaschen beträgt fast immer etwa 1 cm. Um den Korken ganz aus der Flasche zu drücken, muss sich das Gasvolumen also ungefähr verdreifachen. Welche Temperatur ist dafür erforderlich? Die Grundgesetze der Thermodynamik zeigen uns, dass wir noch eine dritte Größe berücksichtigen müssen, nämlich den Druck. Alle drei Größen zusammen kennzeichnen den thermodynamischen Zustand eines Gases und werden mithilfe der sogenannten *idealen Gasgleichung* beschrieben.

Gleichung für ein ideales Gas

Zustandsänderungen von Gasen lassen sich durch den folgenden Zusammenhang der drei Größen Druck p, Volumen V und Temperatur T beschreiben:

$$\frac{p_1 \cdot V_1}{T_1} = \frac{p_2 \cdot V_2}{T_2}$$

Dabei stehen die Indizes 1 und 2 für einen Ausgangs- und Endzustand. Streng genommen gilt die *ideale Gasgleichung* nur für sogenannte ideale Gase, für die besondere Annahmen gemacht werden. Für Abschätzungen bei Gasen wie Luft kann aber näherungsweise auch mit dieser Gleichung gerechnet werden.

Bei einer genaueren Betrachtung wird aus dem „Korkenziehen" mit dem Brenner ein „Korkendrücken" durch das eingeschlossene Gas. Es handelt sich dabei um einen fairen Deal: Von außen wird mit dem Brenner dem Gas im Flaschenhals Energie zugeführt und dafür leistet es für uns dann die schwere Arbeit. Der Korken setzt sich erst dann in Bewegung, wenn der Druck ausreichend hoch ist, um eine entsprechende Kraft auf den festsitzenden Korken ausüben zu können. Von welcher Größe der Kraft sprechen wir hier eigentlich?

In einer Serie von Versuchen konnte ermittelt werden, dass die erforderliche Kraft beim Korkenziehen fast immer über 250 N liegt. Das entspricht immerhin dem Gewicht einer Masse von über 25 kg! Kein Wunder, dass sich findige Menschen raffinierte „Korkenziehermaschinen" ausgedacht haben (was wir im Experiment 8 genauer besprechen werden).

Auf die untere Fläche des Korkens muss also wenigstens die Kraft F von 250 N wirken, damit er sich in Bewegung setzt. Die Fläche der Korkenunterseite A ergibt sich aus dem Radiusquadrat multipliziert mit der

Kreiszahl π. Damit können wir die aus der Schulphysik bekannte Gleichung für den Druck nutzen (vgl. Infokasten zum Experiment 3):

$$p = \frac{F}{A} = \frac{250\,N}{\pi \cdot (1\,cm)^2} \approx 8 \cdot 10^5\,Pa = 8\,bar$$

Wenn wir annehmen, dass der Druck im Flaschenhals ungefähr dem atmosphärischen Druck von 1 bar entspricht, dann ist also der 8-fache Druck erforderlich, um den Korken in Bewegung zu versetzen. Bis das geschieht, bleibt natürlich das Gasvolumen im Flaschenhals unverändert. Das heißt, die Verdreifachung des Volumens wird nicht benötigt, weil der Druck ab dem Moment, in dem der Korken sich bewegt, ungefähr konstant bleibt (Abb. 1.10). Damit haben wir alle Informationen, um die gesuchte zum Korkendrücken erforderliche Temperatur des eingeschlossenen Gases herauszufinden. Wir nutzen die Gasgleichung und können dabei das unveränderliche Volumen herauskürzen und gleich nach der gesuchten Temperatur umstellen:

$$T_2 = \frac{p_2}{p_1} \cdot T_1 = 8 \cdot 295\,K = 2360\,K \approx 2087\,°C\,(!)$$

Das Ergebnis einer Temperatur von über 2000 °C ist überraschend! Der Flambierbrenner erreicht nach Herstellerangaben nämlich eine maximale Temperatur von „nur" 1300 °C.

Somit müssen wir die anfängliche Vermutung noch ergänzen. Die Ausdehnung des Gasvolumens im Flaschenhals allein kann nicht zum Herausdrücken des Korkens führen. Ein zweiter Effekt muss hier zu Hilfe kommen. Und das kann nur die Umwandlung des Weins in Dampf an der Oberfläche sein. Sieden unter erhöhtem Druck ist etwas, das vom Kochen mit dem Schnellkochtopf bekannt ist. Die zum Sieden notwendige Temperatur wird um so höher, je höher der Druck ist. Genauso verhält es sich auch beim Flaschenöffnen mit dem Brenner. Nur dass der Druck hier mit ca. 8 bar noch deutlich höher ist als in einem Schnellkochtopf, in dem maximal das 1,8-fache des normalen Luftdrucks erreicht wird. Dort siedet Wasser dann bei 117 °C. Im Flaschenhals bei 8 bar sind es bereits 170 °C! Diese Temperatur muss zumindest an der Pegeloberfläche im Flaschenhals erreicht werden, wenn der Korken sich lösen soll. Für den Alkoholanteil im Wein (ca. 10 bis 14 Vol.-%) ist diese Temperatur übrigens geringer und beträgt ca. 130 °C.

Mit unserem nächsten Experiment bleiben wir noch ein wenig beim Thema „Druck", der im Schaumwein hoffentlich auch ohne Temperaturerhöhung vorhanden ist.

Experiment 6: Druck in Sektflaschen

Nachdem wir nun bereits auf fünf verschiedene Varianten Weinflaschen geöffnet haben, möchten wir uns bei diesem Experiment den Sektflaschen zuwenden. Jeder kennt ihn, den Startschuss der meisten Familienfeiern, der ein prickelndes Erlebnis auf der Zunge verspricht und auf dessen Akustik wir bereits in Experiment 1 eingegangen sind. Gemeint ist hier natürlich das „Plopp-Geräusch", welches mit dem Herausschießen des Sektkorkens einhergeht und scheinbar viel weniger Kraftaufwand als bei Weinflaschen bedarf. Wie kommt es aber, dass sich Sektflaschen nach dem Entfernen der Agraffe – so nennt man das Drahtgeflecht, das den Sektkorken bis zum Öffnen fixiert – fast wie von selbst entkorken? Ursache hierfür ist der in der Sektflasche vorhandene Überdruck, der auf die bei der Gärung entstandene Kohlensäure zurückzuführen ist. Und selbstverständlich gibt es auch eine Verordnung, die dem Winzer vorschreibt, wie hoch dieser Überdruck mindestens sein muss, damit er sein Erzeugnis „Qualitätsschaumwein" – das wäre die eigentlich korrekte Bezeichnung für Sekt – nennen darf. In der entsprechenden europäischen Verordnung (Amtsblatt der Europäisch., 2008) heißt es in Anhang IV, Absatz 5c: „Qualitätsschaumwein ist das Erzeugnis, das in geschlossenen Behältnissen bei 20 °C einen auf gelöstes Kohlendioxid zurückzuführenden Überdruck von mindestens 3,5 bar aufweist." Im Folgenden möchten wir ein einfaches Verfahren vorstellen, wie Sie überprüfen können, ob Ihr Lieblingssekt dieser Verordnung tatsächlich entspricht (Vogt & Kasper, 2015). Das selbstständige Herausschießen des Korkens wird dafür mit dem Hochgeschwindigkeitsmodus einer Digitalkamera aufgezeichnet und das Video mit einer geeigneten Software analysiert.

In der Regel reicht der in der Flasche herrschende Druck nicht aus, um die Haftreibungskraft zwischen Korken und Flaschenhals zu überwinden. Daher wird der Korken nach Beginn der Videoaufnahme etwas per Hand gelöst und das Ende des Flaschenhalses auf dem Plastikkorken mit einem wasserfesten Stift markiert.

Das Ergebnis einer durchgeführten Videoanalyse zeigt Abb. 1.11. Links ist eine Stroboskopaufnahme der Bewegung dargestellt, rechts ein Weg-Zeit-Diagramm, dessen zugrunde liegende Daten mit der Software „measure

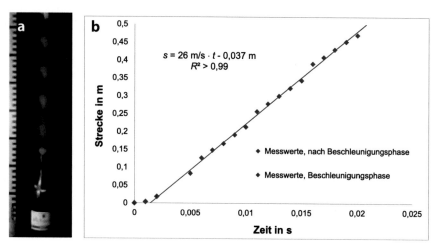

Abb. 1.11 Stroboskopaufnahme der Bewegung (**a**), Weg-Zeit-Diagramm des Sekt-korkens (**b**)

Dynamics" gewonnen wurden. Für die ersten 6 cm benötigte der Korken gerade einmal 4 ms, woraus sich die mittlere Beschleunigung a zu 7500 m/s^2 ergibt. Dies ist ein extrem großer Wert und entspricht ca. dem 750-fachen der Erdbeschleunigung! Nach dieser Beschleunigungsphase bewegt sich der Korken mit etwa 26 m/s weiter, was immerhin einem Tempo von rund 94 km/h entspricht! Mit der experimentell bestimmten Beschleunigung, der Masse m des Sektkorkens (0,007 kg) und dem Innenradius des Flaschen-halses ($R = 9,4$ mm) können wir bereits eine Abschätzung des Drucks vor-nehmen und es gilt (vgl. Infokasten des Experiments 3):

$$p_1 = \frac{F}{A} = \frac{m \cdot a}{\pi \cdot R^2} \approx 2\,\text{bar}$$

Laut dieser Abschätzung liegt der in der Flasche herrschende Überdruck bei 2 bar und die EU-Verordnung würde nicht erfüllt werden. Allerdings ist unsere Rechnung sehr vereinfacht und wir haben nur den Überdruck abgeschätzt, der zur Beschleunigung des Korkens notwendig ist. Hinzu-kommt, dass auch die Reibungskraft zwischen Flaschenhals und Korken überwunden werden muss und der tatsächliche Überdruck somit höher liegt.

Zur Bestimmung der zwischen Flaschenhals und Korken wirkenden Reibungskraft wurde der Plastikkorken durchbohrt und ein Haken mit Kontermutter entsprechend der Abb. 1.12a angebracht. (Das ist übrigens auch der Grund dafür, warum hier ein Industriesekt mit Plastikverschluss

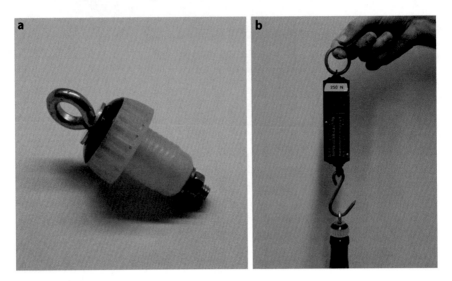

Abb. 1.12 Präparierter Sektkorken (**a**), Bestimmung der Haftreibungskraft (**b**)

zum Einsatz kam, eigentlich würden auch wir einen schönen Winzersekt bevorzugen!) Zur Ermittlung der beim selbstständigen Entkorken der Flasche vorliegenden Haftreibungskraft wird der Korken bis zur Markierung eingeführt und durch lotrechtes Herausziehen mit einem geeigneten Kraftmesser (z. B. 250 N) entkorkt (Abb. 1.12b). Hierbei ergab sich eine Haftreibungskraft von $F_R = 75$ N. Zur Überwindung dieser Kraft braucht es also den Überdruck p_2:

$$p_2 = \frac{F_R}{A} = \frac{75\,\text{N}}{\pi \cdot \left(9{,}4 \cdot 10^{-3}\,\text{m}\right)^2} \approx 2{,}7\,\text{bar}$$

Zur Bestimmung des in der Sektflasche vorhanden Überdrucks bilden wir abschließend die Summe aus p_1 und p_2 und erhalten ca. 4,7 bar, was sehr gut durch die experimentellen Arbeiten von Liger-Belair et al. (2017) bestätigt wird. Das heißt, die für Schaumwein geforderten 3,5 bar werden sogar deutlich überschritten!

Wie können wir uns einen Druck von 4,7 bar veranschaulichen? Dieser Druck liegt z. B. in einer Wassertiefe von ca. 40 m vor oder ist vorhanden, wenn sich rund 50 Kleinwagen auf einer Fläche von einem Quadratmeter stapeln.

Beschleunigung und Kraft

Die Beschleunigung a beschreibt die Änderung einer Bewegung. Betrachten wir zur Vereinfachung eine eindimensionale Bewegung, so entspricht sie der Geschwindigkeitsänderung Δv pro Zeitintervall Δt.

$$a = \frac{\Delta v}{\Delta t}$$

Die SI-Einheit der Beschleunigung ergibt sich somit zu 1 m/s². Beträgt die Beschleunigung eines Fahrzeugs z. B. 3 m/s², so nimmt dessen Geschwindigkeit pro Sekunde um 3 m/s zu.

Damit ein Körper der Masse m seinen Bewegungszustand ändert, ist eine Kraft F erforderlich. Die Beschleunigung ist zur wirkenden Kraft proportional und es gilt:

$$F = m \cdot a$$

Dies ist das auf *Isaac Newton* (1643–1727) zurückgehende Grundgesetz der Mechanik. Die SI-Einheit der Kraft heißt ihm zu Ehren Newton (1 N).

Experiment 7: Champagner im Nebel

Haben Sie im letzten Experiment ganz genau auf das Geschehen beim Öffnen der Sektflasche geachtet? Falls nicht, kommen Sie kaum umhin, noch eine zweite Flasche zu öffnen. Wahrscheinlich ist Ihnen aber das Phänomen auch schon aufgefallen: In dem Moment, in dem der Korken die Flasche verlässt, bildet sich ein deutlich erkennbarer weißlich-grauer Nebel über dem Flaschenhals (Abb. 1.13). Fast so schnell, wie er entstanden ist, löst sich der Nebel auch wieder auf.

Wie kommt es zu dieser Erscheinung und woraus besteht der Nebel? Dafür kommen eigentlich nur Bestandteile des Gases infrage, das sich zwischen dem Flüssigkeitspegel und dem Korken im Flaschenhals befindet. Diese sind Luft, zusätzliches Kohlenstoffdioxidgas aus dem perlenden Sekt, Alkoholdampf und Wasserdampf.

In unserem Experiment gehen wir vom Normalfall aus und nehmen den Sekt dafür aus dem Kühlschrank, also bei einer Temperatur von etwa 6 °C, was auch den empfohlenen Serviertemperaturen (Tab. 6.1) entspricht. Im noch verschlossenen Flaschenhals herrscht dann ein Druck von etwa 4,7 bar, wie wir im vorhergehenden Experiment gezeigt haben. Außerhalb der Flasche können wir den atmosphärischen Normaldruck von etwa 1 bar annehmen. Dieser Druckunterschied ist es, der den Korken gegen

Abb. 1.13   Nebelbildung beim Öffnen einer Sektflasche

die wirkende Reibungskraft aus dem Flaschenhals presst. Der spannende Moment, in dem der davonfliegende Korken schließlich die Öffnung freigibt, ist mit einem dramatischen und sehr schnell ablaufenden Druckabfall im Flaschenhals verbunden. Die Zeitspanne ist zu kurz dafür, dass es zu einer Wärmeübertragung bei dem sich ausdehnenden Gas mit seiner Umgebung kommt. In der Physik werden solche schnell ablaufenden Zustandsänderungen eines Gases ohne thermische Energieübertragung als *adiabatische Zustandsänderungen* (vgl. Infokasten) bezeichnet. In unserem Fall dehnt sich das Gasvolumen im Flaschenhals schlagartig in den Außenraum aus, während der Druck dabei rapide fällt. In Abb. 1.14 ist erkennbar, dass dabei die Temperatur abnimmt. Messungen von Liger-Belair et al. (2017) haben ergeben, dass sie beim Öffnen einer Sektflasche auf fast −80 °C fällt. Bei dieser Temperatur bilden sich aus dem Wasserdampf kurzzeitig sehr kleine Eiskristalle, die wir als Nebel sehen können. Mit steigender Ausgangstemperatur der Flasche (z. B. bei Zimmertemperatur) steigt auch der Anteil des CO_2-Gases und damit der Druck im Flaschenhals. Öffnet man eine solche Flasche, hat die höhere Druckdifferenz zum atmosphärischen Druck bei der adiabatischen Expansion eine noch stärkere Abkühlung zur Folge, sodass zunehmend auch das CO_2-Gas zu Eiskristallen gefriert. Dabei handelt es sich um das sogenannte Trockeneis, das aber schnell wieder direkt in den gasförmigen Zustand übergeht (sublimiert), was den Nebel schnell wieder verschwinden lässt.

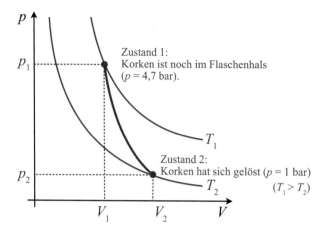

Abb. 1.14 Druck-Volumen-Diagramm für das Gas im Flaschenhals einer Sektflasche beim Öffnen

Adiabatische Zustandsänderungen

Gase werden in der Physik durch die drei wesentlichen Größen Druck p, Temperatur T und Volumen V beschrieben. Wir betrachten hier eine Gasmenge als geschlossenes System, bei dem kein Materietransport über die Systemgrenzen, aber ein Wärmeaustausch und mechanische Arbeit erfolgen kann. Der Zustand eines Gases lässt sich dann mit der allgemeinen Gasgleichung beschreiben:

$$\frac{p \cdot V}{T} = \text{konstant} \Rightarrow \frac{p_1 \cdot V_1}{T_1} = \frac{p_2 \cdot V_2}{T_2}$$

Oft werden Zustände und Zustandsänderungen eines Gases in $p(V)$-Diagrammen angegeben (Abb. 1.14). Die Temperaturkurve ergibt sich in diesem Diagramm aus dem Zusammenhang: $p \cdot V = \text{Konstante} \cdot T$.

In Abb. 1.14 sind das die blauen Kurven. Dabei gilt dort: $T_1 > T_2$. Die Zustandsänderung zwischen zwei Punkten „Zustand 1" und „Zustand 2" kann dabei grundsätzlich auf verschiedene Weise erfolgen. So wäre es denkbar, im Diagramm in Abb. 1.14 den Prozess so zu führen, dass ausgehend vom Zustand 1 bei konstanter Temperatur (also entlang der T_1-Kurve) das Gas bis zum Volumen V_2 expandiert, wobei der Druck auf einen Wert zwischen p_1 und p_2 abnehmen würde. Eine solche Zustandsänderung bei konstanter Temperatur heißt *isotherm*. Anschließend könnte unter Konstanthalten des Volumens auf dem Wert V_2 der Druck auf den Zielwert p_2 abgesenkt werden. Dabei würde auch die Temperatur von T_1 auf T_2 sinken. Eine solche Zustandsänderung bei konstantem Volumen heißt *isochor*. Beide Fälle, isotherme und isochore Zustandsänderung sind aber mit Energieaustauschprozessen des Gases mit seiner Umgebung verbunden. Für diesen Austausch bleibt dem Gas beim Öffnen einer Sektflasche aber keine Zeit. Der Prozess spielt sich im

Bereich von Millisekunden ab. Solche Prozesse ohne Wärmeaustausch werden als *adiabatische Zustandsänderungen* bezeichnet (rote Kurve im Diagramm in Abb. 1.14). Das Öffnen einer Sektflasche führt zu einer adiabatischen Expansion, bei der die Temperatur abnimmt. Die Expansionsarbeit des Gases wird dabei aus der inneren Energie des Gases „bezahlt", dessen Temperatur dann sehr schnell abnimmt.

Adiabatische Vorgänge spielen sich häufig in unserer natürlichen und technischen Umgebung ab. Ein Beispiel aus der Akustik sind die sehr schnellen Druckschwankungen bei der Schallausbreitung in Gasen.

Korkenzieher – raffinierte Maschinen

Kennen Sie das: Sie möchten eine Weinflasche öffnen, drehen die Spirale des Werkzeuges in den Korken, ziehen, was Sie können, und bekommen das Ding trotzdem kaum aus der Flasche? Vermutlich haben Sie dann einen sehr einfachen Korkenzieher verwendet. Damit kann schon eine Kraft erforderlich sein, die dem Anheben einer bis zu 30 kg schweren Masse entspricht!

Zum Glück haben sich findige Ingenieure dieser Werkzeuge angenommen und lassen eine Vielzahl physikalischer Gesetze für uns arbeiten. Richtige kleine Maschinen können Korkenzieher sein. In und an ihnen lassen sich Glocken, Spindeln, Schrauben, Zahnräder oder auch Hebelarme finden. In der Physik nennt man so etwas *kraftumformende Einrichtungen*. Sie erleichtern uns den Kraftaufwand hauptsächlich durch ein- und zweiseitige Hebel sowie durch schiefe Ebenen. Das sind die Gewindegänge der Spindeln an besseren Korkenziehern (es sind aber nicht die Spiralen, die wir in den Kork hineindrehen). Wir kaufen uns den Vorteil des geringeren Kraftaufwandes mit einem Mehraufwand an zurückgelegten Hub- oder Drehwegen ein. In der Physik wird dieser „Handel" auch *Goldene Regel der Mechanik* genannt (vgl. Infokasten). Abb. 1.15 zeigt einige Beispiele für die technische Umsetzung. Daneben kennt die Fantasie der Entwickler kaum Grenzen. Beim wissenschaftlich anspruchsvollen Korkenziehen kommen noch raffiniertere Prinzipien zum Tragen. So ist eine Strategie, die Reibung zwischen dem Korken und der Glaswand zu verringern, eine andere Idee besteht darin, mittels einer eingestochenen Kanüle den Gasdruck unter dem Korken so lange gegenüber dem äußeren Luftdruckdruck zu erhöhen, bis es den Korken endlich herauspresst (s. Experiment 3).

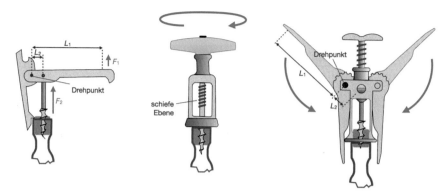

Abb. 1.15 Beispiele verschiedener Mechanismen von Korkenziehern

Abb. 1.16 Prinzip des zweiseitigen Hebels

Korkenzieher als kraftumformende Einrichtungen

In Korkenziehern werden nicht selten die Hebelgesetze zur Verringerung der notwendigen Kraft genutzt. Dabei kommen grundsätzlich zwei Arten der Hebel zur Anwendung, der *zweiseitige* Hebel (Abb. 1.16) sowie der *einseitige* Hebel (Abb. 1.17). Für beide Hebelarten gilt die sogenannte *Goldene Regel der Mechanik:* Was du an Kraft sparst, musst du an Weg hinzulegen. Damit ist der „Hubweg" gemeint. Bezogen auf die Hebelarmlängen gilt die Produktgleichheit der zusammengehörenden Hebelarmlängen (L_1; L_2) und Kräfte (F_1; F_2).

$$F_1 \cdot L_1 = F_2 \cdot L_2$$

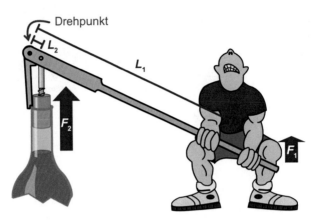

Abb. 1.17 Prinzip des einseitigen Hebels

Experiment 8: Der Korkenzieher als Lastkran

Mühelos lassen sich mit dem „Korkenzieherkran" Lasten heben. In einem ersten Teilexperiment mit einem Spindelkorkenzieher (Abb. 1.15, Mitte) ist der Quergriff so eingestellt, dass er auf das Gewinde „umgeschaltet" ist. Durch leichtes Drehen des Quergriffs wird ein angehängtes Massestück mühelos um einige Zentimeter gehoben.

In einem zweiten Teilexperiment an einem Flügelkorkenzieher werden mit drei Federkraftmessern die Kräfte bestimmt, die an beiden Hebelarmen und an der Korkenzieherspirale wirken (Abb. 1.18). Gleichzeitig lassen sich die Wege an den Hebelarmen und der „Hubweg" einfach bestimmen. Das Verhältnis dieses Hebelweges zum Hubweg entspricht in guter Näherung dem Verhältnis von „Zugkraft" und „Hebelarmkraft" und beträgt für den hier verwendeten Korkenzieher ca. 5:1. Dieses Verhältnis kann dann auch auf den „Ernstfall" angewendet werden, nämlich das Herausziehen eines Korkens mit einer Kraft von nur ca. 55 N mit Flügelkorkenzieher im Vergleich zu den etwa 275 N mit einfachem Korkenzieher.

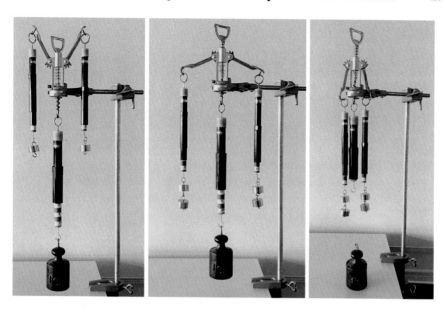

Abb. 1.18 Ermittlung des Verhältnisses „Zugkraft" zu „Hebelkraft" an einem Flügel-korkenzieher (links: die Gewichtskraft an den beiden Flügeln mit jeweils 50 N ist nicht ausreichend, um das 1-Kilogramm-Stück zu heben. Mitte: Hier herrscht Kräftegleich-gewicht zwischen den beiden Flügeln mit jeweils 100 N und der Spirale mit 1 kN)

2

Gut gelüftet? Die Kunst des Karaffierens

In diesem Kapitel geht es um das richtige Verhältnis des Weins zur Luft. Er soll atmen! Oft, aber durchaus nicht immer, tut es dem Wein gut, ihm vor dem Genuss zu mehr Luft, oder genauer, zu mehr Sauerstoff, zu verhelfen. Vorsicht ist besonders bei älteren und gut gereiften Weinen geboten. Der Vorgang der Beatmung von Wein wird unter Fachleuten als „Karaffieren" bezeichnet. Die Standardvariante besteht darin, den Wein aus der Flasche langsam (!) in eine Dekantierkaraffe umzufüllen und gegebenenfalls auch noch etwas stehen zu lassen. Wir werden hier Varianten vorstellen, die den Wein mit möglichst viel Sauerstoff bei einer deutlichen Zeitersparnis in Kontakt bringen. Aber Achtung: Puristen mögen bereits hier gewarnt sein und beim Lesen das Experiment 12 überspringen. Da eine Sauerstoffzufuhr nicht immer das Mittel der Wahl ist und insbesondere angebrauchte Flaschen mit hochwertigem Inhalt sogar vor einem Zuviel an Luftzufuhr geschützt werden sollten, haben wir uns auch dieses Problems in einem Experiment angenommen.

Verschiedene Varianten des Karaffierens

Experiment 9: Schwenken – altmodische Geste?

Kennen Sie die auch, die Gäste mit dem Kennerblick – wie sie lässig das frisch eingeschenkte Glas vor sich kreisen lassen, bevor sie mit dem Genuss beginnen? Ist das nun bloß eine althergebrachte Geste oder hat sie ihre

© Der/die Autor(en), exklusiv lizenziert an Springer-Verlag GmbH, DE, ein Teil von Springer Nature 2022
L. Kasper und P. Vogt, *Physik mit Barrique,* https://doi.org/10.1007/978-3-662-62888-1_2

Berechtigung? Immerhin geht es darum, dem Wein durch die richtige Belüftung das bestmögliche Aroma abzugewinnen. Dieser Frage werden wir hier nachgehen. Und im Vergleich mit den in der Folge noch vorgestellten weiteren Varianten des Belüftens von Wein scheint das Schwenken des Glases die natürlichste und noch dazu eine kaum aufwendige zu sein, um die sich die Gäste auch noch selbst kümmern müssen.

Zunächst aber ein paar Gedanken dazu, worin die Wirkung des Belüftens von Wein liegt. Sauerstoffkontakt begleitet und beeinflusst den Wein in seinem ganzen Herstellungs- und Lagerungsprozess. Die moderne Weinindustrie nutzt eine ausgeklügelte Steuerung von Dosierung und Dauer des Sauerstoffkontaktes für die Gestaltung von Geschmack und Aroma, aber auch der Farbintensität ihrer Produkte. Eine forcierte Sauerstoffzufuhr des Weins nach dem Öffnen der Flasche kann, muss aber nicht unbedingt vorteilhaft sein (vgl. Infokasten im Experiment 14) und hängt sehr von der Sorte, dem Alter und Reifegrad des Weins ab. Es ist gut untersucht, welche Wirkungen der Sauerstoff auf die geschmacklichen Aroma- und Farbeigenschaften von Wein haben kann. Ist der Wein ungeschwefelt, führt Sauerstoff zur Zunahme von Acetaldehyd (Nickolaus, 2018, S. 61), was durchaus nicht unproblematisch für die Gesundheit und auch dem Aroma nicht zuträglich ist. Auch tanninreiche Rotweine profitieren in ihrem Geschmacksbild nicht unbedingt vom reichlichen Sauerstoffkontakt. Mit dem Verhältnis von Tanninen und Polyphenolen in Rotweinen hängt die Eigenschaft der sogenannten *Adstringenz* zusammen, einem als unangenehm empfundenen „Reibungsgefühl" im Mund. Infolge von Sauerstoff kann dieses Empfinden abgeschwächt werden, der Wein schmeckt dann „weicher" oder auch „cremiger". Daneben kann Sauerstoff auch die Bitterkeit des Weins abschwächen (Nickolaus, 2018, S. 61). Ein Zuviel an Sauerstoff kann wiederum neben verstärkter Braunfärbung zu oxidativen Aromen und somit zu geschmacklichen Weinfehlern führen.

Nehmen wir also an, Sie wissen was Sie tun, d. h., Sie wissen, dass der Wein in Ihrem Glas Sauerstoff braucht. Wie können Sie sich nun auch sicher sein, dass das Schwenken des Glases, dem Wein einen signifikanten Eintrag von Sauerstoff bringt?

Hier können wir helfen und mit einem kleinen Experiment ein indirektes Argument liefern. Aus der Chemie ist ein hübsches Standardvorführexperiment bekannt, das den Namen *Blue-Bottle-Experiment* trägt (vgl. Infokasten). Dahinter verbirgt sich eine Redoxreaktion, bei der eine zunächst farblose Lösung durch Luftsauerstoff oxidiert wird. Allerdings muss die Lösung in der klassischen Ausführung in einem geschlossenen Gefäß geschüttelt werden, sodass der Sauerstoff in die Lösung diffundieren kann. Lässt man die Lösung dann stehen – eine Minute reicht dafür vollkommen, findet eine Reduktion statt und die Lösung entfärbt sich wieder. Das Experiment ist ausführlich in Brandl (2006) beschrieben.

In einer Abwandlung dieses Experimentes haben wir uns gefragt, ob vielleicht auch das bloße Schwenken der Lösung in einem Weinglas die Oxidationsreaktion und damit die Blaufärbung hervorzurufen vermag. Tatsächlich gelingt das und Abb. 2.1 zeigt das deutlich erkennbare Ergebnis.

Das Glas wurde mit der Methylenblaulösung soweit gefüllt, wie man es auch mit einem Wein machen würde. Nachdem es zur Ruhe gekommen ist, nimmt es den (nahezu) entfärbten Zustand an (Abb. 2.1a). Anschließend haben wir das Glas für etwa eine halbe Minute geschwenkt, wobei sich die klar erkennbare Blaufärbung einstellte (Abb. 2.1b). Damit ist gezeigt, dass der Vorgang des Schwenkens so viel zusätzlichen Sauerstoff in die geschwenkte Flüssigkeit einträgt, dass es zu chemischen Reaktionen kommt, die ohne Schwenken nicht so ablaufen würden.

Abb. 2.1 Variante der „Blue-Bottle-Reaktion" im geschwenkten Weinglas; vor dem Schwenken (**a**), nach dem Schwenken (**b**)

Abb. 2.2   „Blue-Bottle-Reaktion" im verschlossenen Kolben

„Blue-Bottle-Reaktion"

Die Lösung enthält Natriumhydroxid (NaOH) und Glucose ($C_6H_{12}O_6$), die in Wasser gelöst werden. Dieser Lösung wird in einem Rundkolben (oder in einem anderen verschließbaren Gefäß, Abb. 2.2) noch Methylenblaulösung ($C_{16}H_{18}N_3SCl$) hinzugegeben und das Gefäß verschlossen. Schütteln des Rundkolbens bewirkt eine Blaufärbung der Lösung. Lässt man die Lösung ruhig stehen, entfärbt sie sich wieder.

Die Blue-Bottle-Reaktion stellt ein Redoxsystem dar, bei dem das Methylenblau als Redoxindikator dient. Das Entfärben beruht dabei auf der Reduktion des Farbstoffs Methylenblau zum farblosen Leukomethylenblau durch die alkalische Glucoselösung. Dabei wird die Glucose zu Gluconsäure ($C_6H_{12}O_7$) oxidiert.

Schüttelt man die Lösung, gelangt Sauerstoff in die Lösung und das Leukomethylenblau wird erneut zum farbigen Methylenblau oxidiert. Der Versuch lässt sich so lange wiederholen, wie in der Lösung Glucose zur Reduktion des Methylenblaus zur Verfügung steht oder der vorhandene Sauerstoff verbraucht ist.

Methylenblau wird in der Textilindustrie zum Färben von Fasern und in der Papierindustrie auch als Druckfarbe eingesetzt. In Medizin und Mikroskopie findet es Verwendung als sogenannter Vitalfarbstoff.

Neben dem Belüften des Weins und der besseren Entfaltung seiner Aromen lässt sich beim Schwenken auch noch eine mechanische Beobachtung anstellen. Durch die Bewegung entstehen Wellenberge und

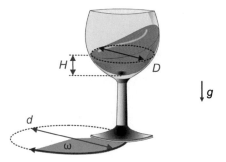

Abb. 2.3 Physikalische Größen, welche die Wellenformation im Weinglas bestimmen

-täler, die im Glas kreisen und die Glaswand bedecken. Manchmal ist nur ein großer Wellenberg zu sehen, teilweise aber auch mehrere kleinere. Reclari et al. (2014) konnten zeigen, dass die entstehende Wellenformation von drei Faktoren abhängt. Diese sind das Verhältnis zwischen dem Füllstand H und dem Glasdurchmesser D, das Verhältnis zwischen dem Durchmesser der Kreisbewegung d und dem Glasdurchmesser D sowie das Verhältnis der wirkenden Kräfte (Zentripetalkraft F_z zu Gravitationskraft F_g; Abb. 2.3):

$$\tilde{H} = \frac{H}{D} \quad \tilde{d} = \frac{d}{D} \quad \tilde{F} = \frac{F_z}{F_g} = \frac{\omega^2 d}{g}$$

(ω: Winkelgeschwindigkeit; g: Erdbeschleunigung)

Durch leichtes Variieren dieser Parameter – den Füllstand Ihres Glases werden Sie ohnehin nicht den ganzen Abend konstant halten wollen – können Sie also ganz unterschiedliche Wellenbilder in Ihrem Glas erzeugen (Abb. 2.4).

Reclari et al. haben außerdem festgestellt, dass sich völlig unabhängig von der Größe zweier Gefäße exakt die gleiche Wellenformation einstellt, sofern nur die oben eingeführten Verhältnisse miteinander übereinstimmen. Die von ihnen durchgeführten Beobachtungen im Weinglas und an rotierenden Zylindern ganz unterschiedlicher Größe können daher durchaus beispielsweise für die Industrie beim Mischen von Flüssigkeiten interessant sein.

Experiment 10: Die Oberfläche zählt – was lange währt …

Möchten Sie Ihren Gästen das Schwenken ersparen und den Wein bereits gut belüftet präsentieren, so ist das bereits angesprochene Karaffieren mittels Dekanter das übliche Vorgehen. Zum Dekantieren, also zur Trennung des

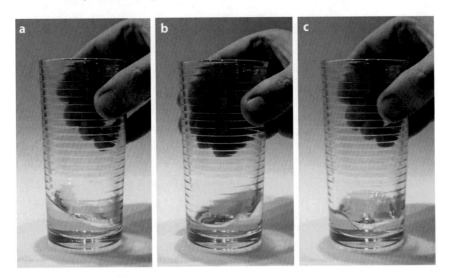

Abb. 2.4 Unterschiedliche Zahl an Wellenbergen bei gleicher Füllhöhe durch Variation der Winkelgeschwindigkeit; nur ein Wellenberg (**a**), vor dem großen Wellenberg rechts ist deutlich ein kleinerer zu erkennen (**b**), mindestens vier Wellenberge (**c**)

Weins von seinem Depot (gebildeter Bodensatz und Weinstein), bedarf es keiner besonderen Karaffe. Zum Belüfteten bzw. Karaffieren sollte es jedoch unbedingt eine Karaffe mit möglichst breitem Boden sein (Abb. 2.5a). Der große Radius führt zu einer großen Kontaktfläche zwischen Wein und Luft, wodurch das Belüften deutlich schneller erfolgen kann (üblicherweise 1–3 h). Dies können Sie mit einem einfachen Experiment leicht prüfen: Füllen Sie hierzu die gleiche Menge eines zum Karaffieren geeigneten Rotweins in eine Dekantierkaraffe und in ein zylinderförmiges Wasserglas. Lassen Sie den Wein rund 3 h atmen und vergleichen Sie den Geschmack. Vermutlich können Sie feststellen, dass der Wein aus dem Dekanter weicher, aromatischer und möglicherweise auch weniger bitter erscheint. Damit wäre die Wirksamkeit des Belüftens mittels Dekantierkaraffe bereits belegt! Übrigens können Sie auch hier den Vorgang beschleunigen, indem Sie den Dekanter ab und zu schwenken.

Da das Geschmacksexperiment jedoch nicht als objektiver Nachweis gelten kann, haben wir die Dekantierdauer von 3 h auf einige Tage erhöht. Der Wein ist dann stark oxidiert und nicht mehr genießbar, Sie sollten auf diese Erweiterung also verzichten und unserem Ergebnis vertrauen. Dieses geht aus Abb. 2.6 hervor und zeigt nun auch objektiv die Wirksamkeit der Dekantierkaraffe. Der im Dekanter belüftete Wein hat sich nämlich

Abb. 2.5 Die gleiche Menge Wein in einem Dekanter (**a**) und einem Wasserglas (**b**) unmittelbar nach dem Öffnen der Flasche

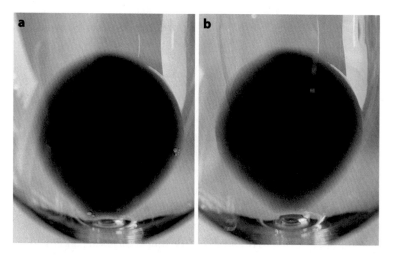

Abb. 2.6 Wein aus Dekanter (**a**) und Wasserglas (**b**), einige Tage nach dem Öffnen der Flasche

viel stärker verfärbt als der aus dem Wasserglas stammende. Ursache hierfür kann nur eine stärkere Oxidation sein, die ihrerseits von der größeren Kontaktfläche zum Sauerstoff herrührt. In unserem Experiment hat die Karaffe einen Radius von ca. 9 cm, der des Wasserglases liegt bei nur 3 cm. Demnach ist die Kontaktfläche zur Luft beim Dekanter 9-mal größer!

Experiment 11: Clever! Primitivo a la Venturi

Diese Methode der Durchlüftung ist unglaublich zeitsparend. Das Einschenken selbst gerät dabei schon zur verstärkten Weinbeatmung. Man setzt einfach auf die geöffnete Weinflasche einen speziellen Ausgießer und muss sich um die Sauerstoffzufuhr nicht weiter kümmern. Das übernimmt die im Ausgießer verbaute sogenannte *Venturi-Düse*. Deren entscheidendes Merkmal erkennt man beim genauen Hinsehen: Der Wein muss beim Ausschenken durch eine Verengung fließen, an deren engster Stelle sich eine kleine Öffnung nach draußen befindet (Abb. 2.7).

Um den Venturi-Ausgießer zu verstehen, müssen wir zunächst eine Selbstverständlichkeit annehmen: Die Menge, die aus der Weinflasche hinten in den Ausgießer hineinfließt, kommt am vorderen Ende auch wieder heraus. Andernfalls müsste sich vor dem Ausgießer Wein ansammeln oder hinter dem Ausgießer ginge Wein verloren. Beides wäre sehr merkwürdig.

Aus dieser Voraussetzung und der weiteren Annahme, dass sich die Dichte des Weins beim Einschenken nicht ändert, ergibt sich eine Gesetzmäßigkeit, die als *Kontinuitätsgesetz* bezeichnet wird (siehe Infokasten).

Die damit verbundene Kontinuitätsgleichung besagt, dass am Ort einer kleineren Querschnittsfläche in einer Flüssigkeitsleitung die Strömungsgeschwindigkeit größer ist als an einem Ort mit größerer Querschnittsfläche.

Genau das wird in diesem Weinausgießer ausgenutzt. Die Verengung im Ausgießer sorgt also für eine hohe Strömungsgeschwindigkeit. Diese wiederum führt uns zu einer weiteren Gesetzmäßigkeit, nämlich dem Zusammenhang zwischen Druck und Strömungsgeschwindigkeit: Der Druck

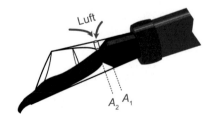

Abb. 2.7 Venturi-Ausgießer in Aktion

ist in einer strömenden Flüssigkeit um so kleiner, je größer die Strömungsgeschwindigkeit an dieser Stelle ist. Quantitativ wird diese Tatsache durch die *Bernoulli-Gleichung* beschrieben. Auf diese Weise ist es möglich, dass infolge der hohen Strömungsgeschwindigkeit an der Verengung der Druck verringert und durch die genau an der engsten Stelle eingebrachte Öffnung Umgebungsluft angesaugt wird (Abb. 2.7). Die angesaugte Luft sorgt für den Druckausgleich und „perlt" dabei in den strömenden Wein hinein. Damit ist das Ziel einer besseren Belüftung erreicht.

Kontinuitätsgesetz und Bernoulli-Gleichung

Für eine inkompressible Flüssigkeit, die in einem Rohr durch zwei Stellen unterschiedlicher Querschnitte A_1 und A_2 mit den Geschwindigkeiten v_1 und v_2 strömt, gilt:

$$A_1 \cdot v_1 = A_2 \cdot v_2 \quad \text{bzw.} \quad \frac{A_1}{A_2} = \frac{v_2}{v_1}$$

Das Verhältnis zweier Strömungsquerschnitte ist gleich dem umgekehrten Verhältnis der zu diesen Querschnitten gehörenden Strömungsgeschwindigkeiten. Dies wird als *Kontinuitätsgesetz* bezeichnet.

Beim Übergang eines strömenden Mediums von einer Stelle größeren Querschnitts in eine Engstelle gewinnt das Medium somit an kinetischer Energie. Wegen der Energieerhaltung erfolgt diese Zunahme auf Kosten der im Rohr verrichteten Volumenarbeit. Aus dieser Überlegung ergibt sich für eine horizontale Strömung (ohne Einfluss der Schwerkraft) die *Bernoulli-Gleichung*:

$$p + \frac{1}{2}\rho v^2 = \text{konstant}$$

Dabei ist p der *statische Druck*, den eine Drucksonde für ein tangential vorbeiströmendes Medium misst. Der Ausdruck $\frac{1}{2}\rho v^2$ mit der Dichte ρ des Mediums gibt den *Staudruck* an.

Aus der Bernoulli-Gleichung ergibt sich, dass der statische Druck in einem strömenden Medium umso geringer ist, je größer die Strömungsgeschwindigkeit wird.

Eine Konstruktion, wie sie in dem hier beschriebenen Weinausgießer genutzt wird, wurde erstmals 1797 durch *G. B. Venturi* entwickelt und heißt deshalb auch *Venturi-Düse*. Es ist wohl anzunehmen, dass Venturi bei seiner Erfindung nicht als Erstes an die Weinbelüftung gedacht hat. Andere Anwendungen dieses physikalischen Prinzips sind aus Alltag oder Schule bekannter. So erfolgt beispielsweise beim Bunsenbrenner das Ansaugen des zur Verbrennung des Gases erforderlichen Luftsauerstoffs infolge der Durchströmung des Verbrennungsgases durch eine ebensolche Engstelle, wie sie der Weinausgießer aufweist.

So bequem der Venturi-Ausgießer auch ist, der mit ihm erreichte geschmackliche Gewinn beim Rotwein kann noch nicht vollständig überzeugen. Eine nahezu gleich schnelle, jedoch in ihrem Ergebnis deutlich effektivere Weinbelüftung wird im nächsten Experiment beschrieben. Aber Achtung: Das ist nichts für schwache Nerven!

Experiment 12: Für Eilige – Blitzbelüftung mit dem Smoothie-Maker

Mit dieser Variante würden wir einen ausgebildeten Sommelier oder eine Sommelière möglicherweise an den Rand eines Nervenzusammenbruchs bringen und mindestens wäre es eine Zumutung. Falls Sie Ihren Wein ebenfalls gerne langsam, d. h. 1 bis 3 h atmen lassen, so können Sie das Experiment getrost überspringen. Erscheint Ihnen das Schwenken von Wein als zu prätentiös, ist dieses Verfahren vermutlich aber genau das richtige für Sie. Es geht um das sogenannte Hyperdekantieren, das erstmals von *Nathan Myhrvold, Chris Young* und *Maxime Bilet* in ihrem mehrbändigen Kochbuch *Modernist Cuisine* beschrieben wurde. Das Vorgehen ist äußerst simpel: Sie geben den Wein in einen Küchenmixer oder in einen Smoothie-Maker, „schlagen" ihn für rund 40 s und fertig ist das Belüften (Abb. 2.8)! Zur

Abb. 2.8 Belüften von Wein mit einem Smoothie-Maker

schöneren Präsentation Ihres guten Tropfens können Sie diesen anschließend in eine Karaffe oder mittels Trichter zurück in die ursprüngliche Flasche füllen.

An dieser Stelle möchten wir Sie nun ausnahmsweise nicht zu einem physikalischen Versuch einladen, sondern zu einem Geschmacksexperiment, d. h. zu einer Blindverkostung. Dafür benötigen Sie neben dem Mixer oder Smoothie-Maker eine weitere Person sowie einen zum Karaffieren geeigneten Wein. Empfehlen möchten wir Ihnen einen ganz einfachen und preiswerten Tropfen, z. B. einen noch sehr jungen Rotwein vom Discounter im Preissegment von 3 bis 5 EUR. Bei einem solchen Wein kann das Belüften wahre Wunder bewirken, was Ihnen bei der Blindprobe zugutekommen wird – von dem Effekt werden Sie begeistert sein!

Damit Ihnen kein Schummeln unterstellt werden kann, verlassen Sie zunächst den Ort des Geschehens. Ihr Mitexperimentator füllt den Wein in die Küchenmaschine, wobei das Gefäß nur maximal bis zu einem Drittel befüllt werden soll. Da für die Verkostung zumindest noch ein Schluck des unbelüfteten Weins benötigt wird, darf die Flasche nicht vollständig geleert werden. Nach einer Belüftungszeit von rund 40 s füllt der Experimentator die gleichen Mengen aus der Flasche bzw. aus dem Mixer in zwei identische Gläser und bittet Sie herein. Die Verkostung kann beginnen und wir versichern Ihnen, dass der Wein aus dem Mixer erheblich weicher und aromatischer schmecken wird – Sie werden diesen mühelos korrekt identifizieren.

Das Experiment funktioniert natürlich nur mit zunächst unbelüftetem Wein, d. h., die Flasche darf erst unmittelbar vor der Blindverkostung geöffnet werden und nicht beispielsweise bereits am Tag zuvor.

Weshalb funktioniert diese Turbobelüftung im Mixer oder Smoothie-Maker so gut? Wie wir bereits beim Karaffieren mittels Dekantierkaraffe sehen konnten, ist die Kontaktfläche zwischen Wein und Luft der entscheidende Faktor. Je größer diese Kontaktfläche ist, desto mehr Sauerstoff kann in der gleichen Zeit in den Wein gelangen – die Aromen entfalten sich schneller und die Tannine werden rascher abgemildert. Durch das starke Verwirbeln des Weins wird dessen Oberfläche maximiert und er erhält so in kürzester Zeit eine geballte Sauerstoffzufuhr.

Übertreiben sollten Sie es jedoch nicht mit dem Mixen, denn man schlägt dabei auch Aromen aus dem Wein heraus. Beobachtbar ist dies beim Öffnen des Mixers, wobei regelrecht eine Aromawolke freigesetzt wird. Bei dem empfohlenen einfachen Wein und einer Belüftungszeit von 40 s überwiegen unserer Erfahrung nach die positiven Effekte jedoch deutlich!

Für ganz Eilige: Turboeinschenken mit Druck und Tornado

Experiment 13: Einschenkzeit zweimal halbiert!

Nun, da der Wein schon einmal ausreichend „geatmet" hat und wir auch bereits eine Lösung für Eilige gesehen haben, bleiben wir noch ein wenig bei der, nennen wir es, effizienten Vorgehensweise. Sollte bereits das Belüften mit dem Smoothie-Maker für Weinästheten eine Herausforderung gewesen sein, dann sollten diejenigen das nun folgende Experiment vielleicht lieber überspringen. Auch dieses entspricht nicht ganz den üblichen Gepflogenheiten bei Tisch. Dennoch könnten Lebenslagen denkbar sein, die ein entschlossenes Handeln erfordern – in dem Fall ein schnellstmögliches Einschenken. Wenn man sich darauf einlassen kann, dann wäre die Frage zu beantworten: Wie schnell lässt sich eine Weinflasche eigentlich entleeren?

Versuchen wir das zu Übungszwecken mit wassergefüllten Weinflaschen und beginnen zunächst mit dem Ausschenken der einfach kopfüber gehaltenen Flasche (Abb. 2.9a). Man hört das vertraute „Glucksen", das dadurch entsteht, dass sich Wasser und Luft im engen Flaschenhals aneinander vorbeizwängen müssen – Wasser raus und Luft rein. Das geschieht durch ein rhythmisches Nacheinander von Luftblasen, die aufsteigen und kleineren Wassermengen, die mehr oder weniger nach unten herausfallen. Die Flüssigkeit quält sich förmlich aus der Flasche. Die von Hand gestoppte Zeitdauer für diese Entleerungsmethode liegt bei etwa 8 s –

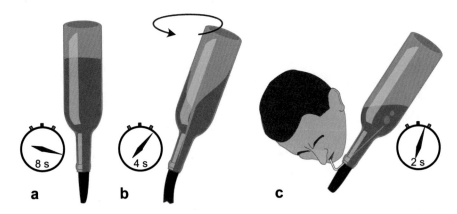

Abb. 2.9 „Hochgeschwindigkeitstechniken" für das Entleeren einer Flasche

zu lange für sehr Eilige. Auch das systematische Variieren des „Einschenkwinkels" erbringt keine kürzeren Zeiten.

Um diese Zeit zu unterbieten, wäre ein Loch im Flaschenboden hilfreich. Dann könnte die Luft dort hinein und die Flüssigkeit aus dem Flaschenhals ungestört hinaus. Ein Loch ist bei einer Glasflasche allerdings nur schwer zu bewerkstelligen. Dennoch führt die Überlegung in die richtige Richtung. Ein Extraloch für die Luft muss her!

Dieses Loch erzeugen wir nicht im Glasmaterial, sondern als „Loch im Loch" durch den Flaschenhals. Dafür nutzen wir folgenden Trick: Die Flasche wird zu Beginn des Ausschenkens in kreisförmige Bewegung versetzt (Abb. 2.9b).

In der Folge beginnt auch die Flüssigkeit in der Flasche aufgrund von Reibungsprozessen zu rotieren und schmiegt sich an die äußere Glaswand an. Vom oberen Pegel in der Flasche bis zur Ausflussöffnung im Flaschenhals bildet sich ein parabelförmiger Strudeltrichter aus, der sich bis nach ganz unten durch den Flaschenhals hindurcharbeitet. Das notwendige Luftloch ist damit geschaffen! Ist der Entleerungswirbel einmal entstanden, bleibt er zumeist bestehen, bis die Flasche vollständig entleert ist. Und das geht dann doch deutlich schneller als beim bloßen Umkippen der Flasche. In kleineren Winzerbetrieben, in denen Weinflaschen in großen Bütten von Hand gespült werden, ist der Zeitgewinn durch diese Entleerungsmethode tatsächlich ein Wirtschaftsfaktor. Für dieselbe Flasche wird mit der „Tornadomethode" eine Zeit von etwa 4 s gestoppt. Das ist Rekord! Oder?

Nun ja, es geht tatsächlich noch schneller. Allerdings müssen die potenziellen Gäste am Tisch dann noch toleranter sein. Die Person, die einschenkt, nimmt hierfür einen abgewinkelten Trinkhalm am kurzen Ende in den Mund. Das lange Ende wird in die Flasche geführt, die Flasche wird umgedreht und die oder der Einschenkende bläst kräftig in den Trinkhalm, während der Flascheninhalt jetzt regelrecht herausschießt. In 2 s ist die Flasche leer! Das ist nun wirklich Rekord – wenn auch nicht mehr ganz gesellschaftsfähig.

Wenn der Wein gerade nicht atmen soll …

Bislang ging es um das Belüften des Weins nach dem Öffnen der Flasche. In der Regel ergibt sich daraus eine merkliche Verbesserung für Rotweine guter Qualität. Es kann aber durchaus vorkommen, dass mal eine Flasche nicht an einem Abend geleert wird. Das ist keine Schande! Dann bleibt eine

Restmenge in der Flasche. Dieser verbliebene Wein „atmet" jedoch weiter, auch wenn die Flasche wieder mit Korken oder anderweitig verschlossen wurde. Denn über dem Wein befindet sich Luft und deshalb gilt grundsätzlich, dass der Wein nach dem Öffnen baldmöglichst genossen werden sollte.

Daneben gibt es auch Weine, denen von vornherein eine Belüftung gar nicht zuträglich ist. Das betrifft vor allem lang gereifte Kostbarkeiten. Hier führt möglicherweise schon das Dekantieren – also das Umfüllen – zu einem zu intensiven Sauerstoffkontakt. Die Rarität kann dabei binnen Minuten an ihrem Aroma verlieren. Für den Genuss solch edler Weine sollte man sich am besten so viele gute Freunde einladen, dass kein Rest in der Flasche verbleibt.

Der Handel hat uns für solche Fälle ein kleines Werkzeug an die Hand gegeben, das wir im Folgenden untersuchen werden: die Vakuumweinpumpe. Es gibt sie in verschiedenen Ausführungen und Preisklassen. Ein Beispiel ist in Abb. 2.10a dargestellt.

Als *Otto von Guericke* im 17. Jahrhundert die Kolbenvakuumpumpe erfand, hat das deutliche Auswirkungen auf die weitere Entwicklung der Physik und sogar der Philosophie mit sich gebracht. Ob der Einzug der Vakuumpumpe in den Haushalt sich ähnlich dramatisch auf die Weinkultur auswirkt, müssen Sie als Genießerinnen und Genießer beurteilen. Auf jeden Fall können wir aber einen physikalischen Blick – unterstützt von einem Experiment – auf das entsprechende Werkzeug werfen.

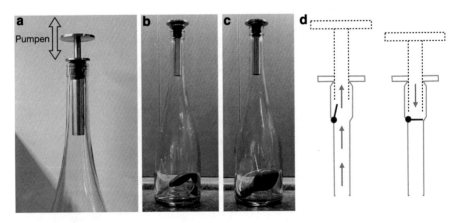

Abb. 2.10 Nachweis des durch eine Vakuumweinpumpe erzeugten Unterdrucks in einer Weinflasche; handelsübliche Vakuumweinpumpe (**a**); verschlossener Luftballon mit geringer Füllung in der Flasche vor dem Pumpen (**b**); aufgeblähter Ballon nach dem Pumpen (**c**); Funktionsschema der Pumpe mit Rückstauventil (**d**)

Experiment 14: Luftballon und Vakuumweinpumpe

Zunächst sollten wir kurz den Begriff „Vakuum" klären. Dieser Zustand beschreibt in seiner reinen Form einen Raum, der keine oder nur so wenige Moleküle enthält, dass diese nicht miteinander, sondern nur mit der Gefäßwand wechselwirken. In Technik und Physik wird begrifflich noch differenziert: Bei einem Gasdruck zwischen 1000 mbar (knapp unterhalb des atmosphärischen Normaldrucks) und 1 mbar spricht man von einem *Grobvakuum*. Zwischen 1 mbar und 10^{-3} mbar ist es ein *Feinvakuum* und unterhalb eines Drucks von 10^{-3} mbar wird das *Hochvakuum* erreicht (Gerthsen, 1999, S. 279). Wir können somit davon ausgehen, dass wir mit unserer Vakuumpumpe nach dieser Kategorisierung bestenfalls im Grobvakuum landen werden. Das trifft im Übrigen auch auf alle in Haushalt und Alltag oft anzutreffenden „Vakuum"-Verpackungen zu, wie wir sie etwa für Kaffee oder Erdnüsse kennen.

Können wir aber feststellen, oder zeigen, dass die Pumpe überhaupt einen Unterdruck erzeugt? Wenn es gelingt, ein zweites, kleineres und abgeschlossenes Volumen mit flexiblen Gefäßwänden in der Weinflasche zu platzieren, dann könnte beim Evakuieren anhand des beobachteten Verhaltens dieses Körpers eine Druckabnahme in der Flasche erkannt werden. Für einen solchen flexiblen und abschließbaren Körper ist natürlich ein Luftballon prädestiniert. Wer aber jemals versucht hat, einen Luftballon in einer Flasche aufzublasen, wird auf einen unüberwindlichen Widerstand gestoßen sein. Sobald der Luftballon den Umfang der Flasche oder schon des Flaschenhalses erreicht hat, sperrt er den Flaschenausgang für die noch in der Flasche enthaltene Luft ab. Nichts geht mehr!

Es ist aber gar nicht notwendig, den Luftballon richtig aufzublasen. Es genügt, ihn mit einer sehr kleinen Menge Luft auszustatten. Selbst dann wird es noch schwierig, ihn durch den Flaschenhals nach innen zu bekommen. Abhilfe schafft dabei ein Strohhalm, der der Luft aus dem Flascheninneren einen Fluchtweg nach außen bietet. Abb. 2.10b zeigt den nahezu schlaffen Luftballon in der Flasche. Nun wird die Vakuumweinpumpe aufgesetzt und ordentlich gepumpt. Es braucht schon viele Züge, bis das Ergebnis sichtbar wird. Schließlich aber beginnt sich die wenige Restluft im Ballon bemerkbar zu machen. Die schlaffe Hülle bläht sich auf – ein deutliches Zeichen dafür, dass der Druck im Innern der Flasche niedriger geworden ist (Abb. 2.10c).

Das Funktionsprinzip der Weinpumpe beruht auf dem Prinzip eines *Rückstauventils* (Abb. 2.10d). Beim Herausziehen der Luft öffnet die Rückschlagklappe. Aufgrund des dann größeren Drucks außerhalb der Flasche wird die Klappe so lange fest angepresst, bis nicht wieder Luft heraus-gepumpt wird.

Als Fazit unseres kleinen Experimentes fassen wir zusammen: Die von uns genutzte Weinvakuumpumpe tut, was sie soll. Sie pumpt einen nachweis-baren Teil der Luft aus der Flasche. Somit können wir eine Kaufempfehlung für Singlehaushalte oder bei Vorlieben für gut gereifte Rotweine geben.

Instabiler Wein bei Luftkontakt

Wein bzw. die Maische ist bereits während des gesamten Herstellungsprozesses dem Luftsauerstoff sowie verschiedenen Bakterien ausgesetzt. Durch Oxidation und Stoffwechselprozesse der Mikroorganismen werden ständig Aroma- oder Farbeigenschaften des Weins beeinflusst.

Oxidation bzw. Gärung. Die in Luft enthaltenen Essigsäurebakterien bewirken, dass der im Wein enthaltene Alkohol (Ethanol) zu Essigsäure (Ethansäure) abgebaut wird. Die dabei ablaufende Reaktion lautet:

$$C_2H_6O + O_2 \longrightarrow C_2H_4O_2 + H_2O$$

Acetaldehyd (Ethanal). Dieser krebserregende Stoff wird im mensch-lichen Körper beim Abbau des Alkohols gebildet und führt dort u. a. zu den „Katersymptomen", kann aber auch zu irreversiblen Organschädigungen führen. Acetaldehyd ist aber auch bereits im Wein enthalten, wo es während der Gärung aus dem Stoffwechsel von Hefestämmen und Bakterien ent-steht. Darüber hinaus wird es auch durch Lagerung mit Luftkontakt (z. B. in undichten Fässern) im ausgegorenen Wein erzeugt. Ein Teil des Sauerstoffs reagiert dabei mit dem Ethanol zu Acetaldehyd.

Änderung von Farbeigenschaften. Die dem Rotwein seine Farbe verleihenden Pflanzenfarbstoffe sind Anthocyane (s. auch Experiment 25 „Rotwein als Farb-filter"). Durch Oxidationsreaktionen können diese Pigmente abgebaut werden. Die Abbauprodukte haben oft eine bräunliche Färbung, sodass die intensiven Rottöne eines Weins bei Lagerung unter Zuführung von Luft zunehmend zur Bräunung neigen. Anthocyane werden im Übrigen auch durch Licht zerstört, weswegen eine längere Flaschenlagerung unbedingt lichtgeschützt erfolgen sollte.

Schwefeldioxid im Wein – warum? „Enthält Sulfite" ist als Hinweis auf nahezu allen Weinetiketten zu lesen. Zwar ist Ethanol selbst ein „natürliches" Konservierungsmittel des Weines, der Alkoholgehalt reicht aber nicht aus, um die unerwünschten Stoffwechseleffekte von Mikroorganismen zu verhindern. Hier hilft die Schwefeldioxidzugabe, da sie sowohl antimikrobiell als auch anti-oxidativ wirkt und somit zu einer deutlich besseren Lagerfähigkeit der Weine beiträgt.

Im Wein liegt schweflige Säure (H_2SO_3) in drei Formen vor:

1. als undissoziiertes Schwefeldioxid (SO_2)

2. dissoziiert: $SO_2 + H_2O \longrightarrow H^+ + HSO_3^-$

3. in Sulfit-Form: SO_3^{2-} (Sulfit-Anion)

Mit der Zugabe von bis zu 30 mg/l Sulfit (je nach Qualität der gelesenen Weinbeeren oder nach Zuckergehalt des Weines) werden neben der Verhinderung von Oxidationen auch unerwünschte Nachgärungen z. B. bei Weinen mit hoher Restsüße verhindert.

Auch wenn Schwefeldioxid zugegeben wird, ist es aber immer auch so, dass bereits „natürliches" Schwefeldioxid im Wein enthalten ist, das bei der alkoholischen Gärung als Stoffwechselprodukt der Hefezellen entsteht.

3

Das Ohr trinkt mit: Akustik mit Weingläsern und -flaschen

Jetzt sind wir gut vorbereitet: Die Flaschen sind geöffnet, der Wein hat ordentlich geatmet und wir gönnen uns endlich eine erste Kostprobe! Und das wird natürlich eingeläutet durch das schöne Ritual des Anstoßens. „Eingeläutet" erscheint dabei als ganz besonders treffend, rückt es doch das Gläserklingen in die begriffliche Nähe des Läutens von Glocken. Wir kommen auf diese – auch akustisch passende – Analogie zurück. Warum Gläser überhaupt klingen und wie man ihre Klänge mit einfachen Mitteln auch messen kann, thematisieren wir in einer Reihe von Experimenten. Im weiteren Verlauf geht es nicht nur darum, unsere Leserinnen und Leser anzuregen. Bei uns werden auch Gläser angeregt! Mit den jeweils individuellen Klängen solch angeregter Gläser sind deren sogenannte Resonanzfrequenzen verbunden. Diese werden wir für eine einfach durchzuführende Bestimmung der Schallgeschwindigkeit nutzen. Schließlich führen uns die akustischen Eigenschaften von Flaschen und Gläsern zu ganz speziellen Musikinstrumenten.

Akustik mit Weingläsern

Schwingende Körper, wie Saiten, Membrane oder Klangstäbe, rufen in ihrer direkten Umgebung Druckschwankungen hervor, die sich in Form von Schallwellen durch den Raum ausbreiten. Völlig analog verhält es

---

Die Originalversion dieses Kapitels wurde revidiert. Ein Erratum ist verfügbar unter https://doi.org/10.1007/978-3-662-62888-1_9

L. Kasper und P. Vogt, *Physik mit Barrique,* https://doi.org/10.1007/978-3-662-62888-1_3

sich mit einem angeschlagenen Weinglas, das ebenfalls mit einer ihm charakteristischen Eigenfrequenz schwingt und einen entsprechenden Klang hervorruft. Sein Frequenzspektrum liefert einen „akustischen Fingerabdruck", den wir zunächst genauer betrachten möchten, ehe wir zum Anstoßen zweier Gläser kommen.

Experiment 15: Frequenz von Weingläsern

Zur Analyse des Klangs eines schwingenden Rotweinglases schlagen wir dieses leicht mit einem Holzlöffel an und analysieren den hervorgerufenen Schall mit einer geeigneten Smartphone-App (z. B. Schallanalysator, Abb. 3.1). Es zeigt sich, dass das vom Weinglas hervorgerufene Schallsignal durch Überlagerung von Einzeltönen entsteht. Auch wenn wir im Alltag von dem „Ton" des Glases sprechen würden, müsste es – physikalisch korrekt – eigentlich „Klang" heißen (vgl. Infokasten). Die erste Spektrallinie im Frequenzspektrum liegt bei 581 Hz, sie entspricht der Grundfrequenz f_0 des Klangs. Die anderen Spektrallinien markieren die sogenannten Obertöne mit den im Experiment gemessenen Frequenzen $f_1 = 1487\,\text{Hz}$, $f_2 = 2745\,\text{Hz}$

Abb. 3.1 Schallanalyse eines angeschlagenen Rotweinglases

und $f_3 = 4038$ Hz. Das überraschende an diesem Ergebnis ist, dass bei Musikinstrumenten mit eindimensionalen Schallgebern – z. B. schwingende Saiten (Chordophone) oder schwingende Luftsäulen (Aerophone) – die Oberfrequenzen stets ganzzahlige Vielfache der Grundfrequenz sind (Abb. 3.4b; Tab. 3.1). Beim genutzten Weinglas, das eine glockenähnliche Form aufweist, beobachten wir jedoch die Frequenzverhältnisse 2,6, 4,7 und 7,0 zum Grundton (Abb. 3.2). Unsere Messung weicht von der Theorie etwas ab, laut Denninger (2013) würde man eigentlich die Verhältnisse 2,3, 4,0 und 6,25 erwarten, ist aber eigentlich gar nicht so schlecht.

Auch wenn Sie selbst nicht musizieren, so finden Sie zu Hause sicherlich noch eine Blockflöte, eine Triola oder eine Mundharmonika. Probieren Sie es also einmal aus und bestimmen Sie die Frequenzen der Grund- und Obertöne vorhandener Musikinstrumente und Weingläser. Auch mit

Tab. 3.1 Frequenzen des Grundtons und der Obertöne eines mit dem Klavier gespielten a[1]

	gemessene Frequenz in Hz	Frequenzverhältnis zum Grundton
Grundton	441	1
1. Oberton	872	$1,98 \approx 2$
2. Oberton	1314	$2,98 \approx 3$
3. Oberton	1755	$3,98 \approx 4$
4. Oberton	2208	$5,01 \approx 5$
5. Oberton	2660	$6,03 \approx 6$
6. Oberton	3112	$7,06 \approx 7$

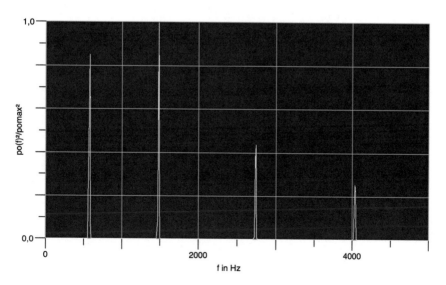

Abb. 3.2 Frequenzspektrum eines angeschlagenen Rotweinglases

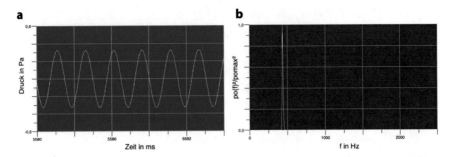

Abb. 3.3 Oszillogramm (a) und Frequenzspektrum (b) des Tons einer Stimmgabel

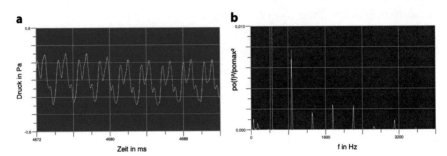

Abb. 3.4 Oszillogramm (a) und Frequenzspektrum (b) des Klangs eines Klaviers (Note a[1])

anderen Gegenständen können Sie experimentieren, z. B. mit Klangschalen und Porzellanschüsseln, oder Sie analysieren den Klang der Glocke einer nahegelegenen Kirche (vgl. Infokasten).

Im Vergleich zu schwingenden Saiten oder Luftsäulen ist die Berechnung der Grundfrequenz eines schwingenden Glases deutlich komplexer. Diese hängt ab von der Schallgeschwindigkeit in Glas ($v_s = 5300$ m/s), von der Glasdicke d (in unserem Beispiel waren dies 1,16 mm) und von der Geometrie des Glases. Für ein zylinderförmiges Glas errechnet sich die Grundfrequenz nach Schlichting und Ucke (1995) zu:

$$f_0 = \frac{v_s \cdot d}{\sqrt{3}\pi R^2}$$

Für eine Abschätzung wenden wir diese Beziehung nun auf unser Rotweinglas an. Einsetzen der Zahlenwerte führt bei einem mittleren Radius R des verwendeten Glases von 42 mm zu 640 Hz und stimmt somit gut mit dem experimentellen Ergebnis überein.

Schallarten

Ein *Ton* entsteht immer dann, wenn die Schwingung des schallemittierenden Körpers durch eine einzige Sinusfunktion beschrieben werden kann, d. h., wenn es sich um eine harmonische Schwingung handelt (Abb. 3.3a). Unterzieht man das akustische Signal eines Tons einer Fourier-Analyse und stellt das Ergebnis in Form eines Frequenzspektrums dar, so erhält man eine einzige Spektrallinie bei der Frequenz *f*. Ein Messbeispiel zeigt Abb. 3.3b.

Registriert man das Schallsignal eines Musikinstruments und stellt das Oszillogramm mittels Analyse-App grafisch dar, so ergibt sich ein periodisches, meist jedoch kein sinusförmiges Schwingungsbild (Abb. 3.4a); man spricht von einem *Klang*. Entsprechend dem *Satz von Fourier*, lässt sich ein solches Signal als Summe von Sinusfunktionen darstellen, deren Argumente ganzzahlige Vielfache einer Grundfrequenz sind (Tab. 3.1, für die FFT-Analyse vgl. auch Infokasten zum Experiment 18). Das Frequenzspektrum eines Klangs besitzt, im Gegensatz zu dem des Tons, somit mehrere Spektrallinien (Abb. 3.4b). Die beim Hören eines Klangs wahrgenommene Tonhöhe wird ausschließlich von der Grundfrequenz beeinflusst, die Anzahl und die Amplituden der Obertöne bestimmen (neben den Einschwingvorgängen) die Klangfarbe des Instruments. Durch sie können wir zwei Instrumente problemlos voneinander unterscheiden, selbst wenn sie die gleiche Note in identischer Lautstärke spielen.

Im Gegensatz zum Ton und Klang wird ein *Geräusch* (z. B. Zusammenknüllen eines Blatt Papiers) nicht durch periodische Vorgänge hervorgerufen. Die Fourier-Analyse liefert ein nahezu kontinuierliches Spektrum (Rauschen), d. h., es sind eine Vielzahl von Einzeltönen vorhanden, die beliebige Frequenzen einnehmen können.

Eine plötzlich einsetzende mechanische Schwingung großer Amplitude und kurzer Abklingzeit nehmen wir als *Knall* wahr. Beispiele hierfür sind das Platzen eines Luftballons oder das Händeklatschen. Ähnlich wie bei einem Geräusch kann man einem Knall keine einzelne Frequenz zuordnen, sondern lediglich einen Frequenzbereich.

Frequenz von Kirchenglocken

Kirchenglocken sind im Alltag fast überall anzutreffende und mit einem Smartphone einfach zu untersuchende Musikinstrumente, die in ihrer Form und daher auch in ihren akustischen Eigenschaften den Weingläsern sehr ähnlich sind. Ihre physikalische Hintergrundtheorie erweist sich als schwierig und eine zuverlässige Vorhersage ihrer Eigenfrequenzen ist ausgehend von den genauen Abmessungen nur mit der Methode finiter Elemente möglich. Fragt man einen Glockengießer, mit welchen Beziehungen er die Rippe (halber Längsschnitt der Glocke) für eine Glocke mit gewünschtem Frequenzspektrum berechnet, so erhält man gewiss keine Auskunft: Die Kunst des Glockengießens beruht auf jahrhundertelanger Erfahrung und das Wissen über die Rippenkonstruktion wird ausschließlich an direkte Nachkommen weitergegeben. Wir möchten an dieser Stelle jedoch das Ergebnis einer Modellierung vorstellen, die durch einen Vergleich mit einem fast 700 Glocken umfassenden Datensatz noch verbessert werden konnte (Vogt et al., 2015, 2016) und an Einfachheit nicht zu übertreffen ist! Für die Frequenz des Grundtons f_0 einer Kirchenglocke gilt:

$$f_0 = \frac{100 \text{ m/s}}{R}$$

Oder in Worten formuliert: 100 dividiert mit der gemessenen Grundfrequenz der Glocke in Hz liefert in guter Näherung den Glockenradius in Meter. Die mittlere Abweichung der mit dieser Faustformel vorgenommenen Abschätzung mit den tatsächlichen Glockenradien liegt gerade mal bei 3,5 %!

Experiment 16: Zum Wohl! Schwebungen beim Anstoßen

Nachdem wir uns näher mit der Frequenz eines schwingenden Weinglases beschäftigt haben, möchten wir uns nun dem gleichzeitigen Schwingen zweier Gläser zuwenden. Die Experimentiersituation kennen Sie bestens vom gemeinsamen Anstoßen, aber haben Sie einmal genau auf den Klang geachtet, der dabei entsteht? Zumindest dann, wenn die Gläser ähnlich stark befüllt sind, hören sie einen Ton, dessen Lautstärke periodisch variiert – er wird also ständig lauter und leiser (aus physikalischer Sicht ist „Ton" an dieser Stelle strenggenommen eine falsche Bezeichnung, was uns aber

Abb. 3.5 Quantitative Analyse der von zwei Weingläsern erzeugten akustischen Schwebung

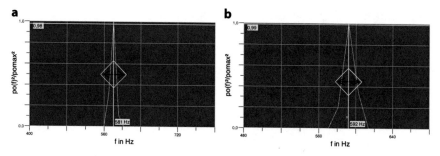

Abb. 3.6 Frequenzspektren der von den Weingläsern erzeugten Einzeltöne

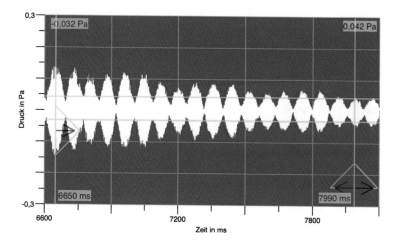

Abb. 3.7 Ermittlung der Schwebungsfrequenz

nicht weiter stören soll, vgl. Infokasten des vorangehenden Experiments). Das Phänomen wird *akustische Schwebung* genannt und die Anzahl der Lautstärkeänderungen pro Sekunde entspricht betragsmäßig der Differenz der beiden Ausgangstöne (Schwebungsfrequenz). Übrigens sind zwei Weingläser des gleichen Modells nie vollkommen identisch und besitzen somit leicht unterschiedliche Frequenzen. Folglich müssen die Weingläser zur Erzeugung einer akustischen Schwebung nicht einmal befüllt werden. Auch im leeren Zustand können Sie eine Schwebung beobachten, was zugegebenermaßen jedoch einem traurigen Anstoßen gleichkommen würde.

Mithilfe eines Smartphones und einer geeigneten Tonanalyse-App (wir haben hierzu den *Spaichinger Schallanalysator* verwendet) kann die Schwebung visualisiert und sogar quantitativ ausgewertet werden (Abb. 3.5; Vogt & Kasper, 2021b).

Zur quantitativen Auswertung des Experiments bestimmt man zunächst nacheinander die Frequenzen der genutzten Gläser und schlägt diese z. B. mit einem Holzlöffel leicht an. Im Versuchsbeispiel waren dies 581 Hz bzw. 592 Hz (Abb. 3.6). Unter Berücksichtigung der im Infokasten formulierten Gesetzmäßigkeit würde man also erwarten, dass das überlagerte Signal in einer Sekunde 11-mal ein Lautstärkemaximum erreicht.

Zur Überprüfung kann ein Oszillogramm der Überlagerung dargestellt werden. Wie in Abb. 3.7 zu sehen ist, erreicht das akustische Signal in 1,34 s 17-mal ein Lautstärkemaximum, was 12,7 Lautstärkeänderungen pro Sekunde entspricht. Beachtet man, dass für das Experiment nur einfachste Mittel genutzt wurden, liefert der Vergleich mit dem theoretischen Wert ein zufriedenstellendes Ergebnis.

Akustische Schwebung

Eine spezielle Form der Überlagerung von Schallwellen ist die akustische Schwebung. Sie entsteht immer dann, wenn sich mindestens zwei Schwingungen mit geringem Frequenzunterschied überlagern. Der beobachtbare Höreindruck entspricht dann einem Ton, dessen Lautstärke periodisch variiert. Sind die Amplituden der Ausgangstöne gleich, so geht die Lautstärke zwischen den Maxima auf null zurück (*vollkommene Schwebung*, Abb. 3.8a), bei ungleichen Amplituden kommt es zu einer sogenannten *unvollkommenen Schwebung* (Abb. 3.8b).

Die Anzahl der Lautstärkeänderungen pro Sekunde bezeichnet man als Schwebungsfrequenz f_s, welche von den Ausgangsfrequenzen f_1 und f_2 abhängt und dem Betrag ihrer Differenz entspricht. Es gilt also:

$$f_s = |f_1 - f_2|$$

Die Frequenz des hörbaren Tons entspricht dem Mittelwert der Ausgangsfrequenzen, was dem hier beschriebenen Experiment jedoch nicht betrachtet werden soll.

Stimmen von Musikinstrumenten

Heute stimmt man Musikinstrumente üblicherweise mit elektronischen Stimmgeräten. Früher kamen hierzu Stimmgabeln zum Einsatz, die einen Ton bekannter Frequenz erzeugten (i. d. R. ein a^1 mit 443 Hz). Das Phänomen der akustischen Schwebung spielte beim Stimmen der Musikinstrumente mittels Stimmgabel eine entscheidende Rolle. War beispielsweise bei einer Violine die a-Saite z. B. um 7 Hz verstimmt, so stellte sich eine Schwebungsfrequenz von 7 Hz ein. Die Saitenspannung wurde dann nach und nach variiert, bis keine Schwebung mehr auftrat. Die restlichen Saiten wurden anschließend ausgehend von der a-Saite gestimmt.

Teilweise wird dieses Vorgehen auch heute noch genutzt, wenn nämlich z. B. ein Violinist zusammen mit einem Pianisten spielt. Das Klavier ist nicht einfach stimmbar, weshalb dieses als Ausgang für die Stimmung der Geige verwendet wird.

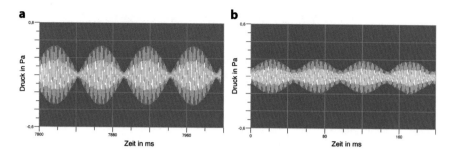

Abb. 3.8 Oszillogramme zweier Schwebungen; vollkommene Schwebung (**a**), unvollkommene Schwebung (**b**), analysiert und dargestellt mit der App „Schallanalysator"

Experiment 17: Zersingen von Weingläsern? – Aufnahme einer Resonanzkurve

Nicht selten wird behauptet, dass Personen mit ausgebildeter Stimme in der Lage sind, Gläser zu zersingen und im Internet kursieren zahlreiche Videos, die uns dies ebenfalls weismachen möchten. Die häufig zu lesende physikalische Erklärung ist dabei durchaus plausibel: Man müsse das Glas lediglich mit seiner Eigenfrequenz beschallen, wodurch dieses besonders stark zum Schwingen angeregt werde. Hält man den Ton lange genug, so schaukle sich die Schwingung immer weiter auf und es käme zur Resonanzkatastrophe.

Tatsächlich gelingt die Zerstörung eines Glases auf die beschriebene Weise, wenn man dieses mit einem Tongenerator beschallt. Im Gegensatz zur menschlichen Stimme ist dieser in der Lage, die Frequenz des erzeugten Tons über eine längere Zeit exakt zu halten. Unter Zuhilfenahme eines Verstärkers kann außerdem ein deutlich höherer Schalldruck erreicht werden, als dies mit der Stimme möglich wäre. Und tatsächlich, so haben zahlreiche Untersuchungen gezeigt, wird für die angestrebte Resonanzkatastrophe ein Schalldruck benötigt, welcher den der Stimme um das Hundertfache übertrifft.

Wir möchten das Experiment nun im Kleinen durchführen und das Phänomen der Resonanz, also die Anregung einer Schwingung mit ihrer Eigenfrequenz (vgl. Infokasten), etwas genauer analysieren. Gläser gehen dabei aber ganz sicher nicht zu Bruch!

Zur Durchführung unseres Experiments müssen wir zunächst in einem Vorversuch die Eigenfrequenz des genutzten Glases ermitteln. Wie wir diese abschätzen und auch experimentell bestimmen können, haben wir bereits in Experiment 15 gesehen. Wir schlagen das Glas mit einem Holzlöffel an

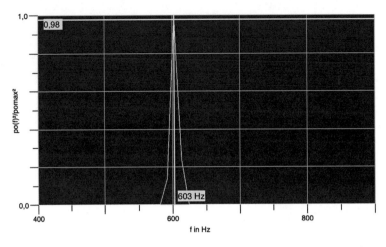

Abb. 3.9 Experimentelle Bestimmung der Eigenfrequenz des genutzten Glases

Abb. 3.10   Versuchsaufbau zur Aufnahme einer Resonanzkurve

(Abb. 3.1) und stellen das Frequenzspektrum des so entstehenden Schall-signals mit einer geeigneten App dar (Abb. 3.9). Für das hier verwendete Glas finden wir einen Grundton mit 603 Hz, was somit der ersten Eigen-frequenz des Glases entspricht. Möchte man das Weinglas allein mittels Schallwellen zum Schwingen anregen, sollte es mit dieser Frequenz bestmög-lich gelingen.

Um dies zu überprüfen, nutzen wir ein Smartphone oder ein Tablet-computer mit Tongenerator-App. Wir haben hierzu die App „Audio Kit" ver-wendet, mit der wir Töne auf 1 Hz genau erzeugen können. Im Abstand von wenigen Zentimetern zum Weinglas beschallen wir dieses für etwa 7 s – das sollte zum Anregen einer Schwingung reichen –, schalten den Tongenerator ab und messen den Schalldruckpegel des vom Weinglas weiterhin erzeugten Tons (Abb. 3.10). Zum Einsatz kam hier die kostenfreie App „phyphox", die im Übrigen auch für die Tonerzeugung genutzt werden kann. Das beschriebene Vorgehen wenden wir für die Eigenfrequenz von 603 Hz an wie auch für die ganzzahligen Frequenzen im Bereich von 593 Hz bis 614 Hz. Ein Messbeispiel zeigt Abb. 3.11. Dargestellt ist der Verlauf der Amplitude des vollständigen Vorgangs. Der starke Anstieg der Lautstärke markiert das Einschalten der Tongenerator-App, die rund 7 s einen Ton konstanter Amplitude erzeugte. Nach dem Abschalten des Tons fällt die Kurve unmittel-bar auf den vom Glas verursachten Schalldruckpegel ab. Dieser Wert wird abgelesen und dient uns als Maß für die Anregung der Schwingung (Abb. 3.11). Dass der Schalldruckpegel hier mit rund –63,7 dB negativ ist, muss uns nicht beunruhigen. Oberhalb der Hörschwelle würde man eigent-lich ausschließlich positive Pegelwerte erwarten, zumindest dann, wenn die

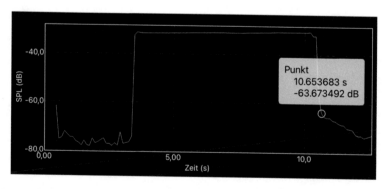

Abb. 3.11 Zeitlicher Verlauf der Amplitude bei einer Anregung mit 614 Hz

App korrekt kalibriert wurde. Genau auf diese Kalibrierung haben wir jedoch verzichtet, da die Absolutpegel für das Experiment keine Rolle spielen.

Das Ergebnis der gesamten Messreihe geht aus Abb. 3.12 hervor. Der dort dargestellten Resonanzkurve können wir entnehmen, dass die Anregung des Weinglases bei der Eigenfrequenz (offensichtlich liegt diese bei 604 Hz und nicht bei 603 Hz) tatsächlich besonders gut funktioniert. Je weiter wir uns von der Eigenfrequenz wegbewegen, umso leiser schwingt das Weinglas nach dem Abschalten der Tongenerator-App weiter. Beschallen wir das Weinglas mit einer Frequenz, die um mindesten 20 Hz von der Eigenfrequenz abweicht, findet bereits keine merkliche Schwingungsanregung mehr statt.

Das Experiment zeigt, dass wir zum Zersingen des Glases wirklich exakt dessen Eigenfrequenz treffen müssten, nur dann kann das Glas zu starken Schwingungen angeregt und zerstört werden. Aufgrund unserer Anatomie sind wir jedoch nicht in der Lage, eine Frequenz exakt über längere Zeit zu halten. Und selbst wenn, der Schalldruck würde bei Weitem nicht reichen. Selbst eine tonsichere Opernsängerin kann mit ihrer Stimme das Weinglas zwar leicht in Schwingung versetzen, jedoch unmöglich zerstören.

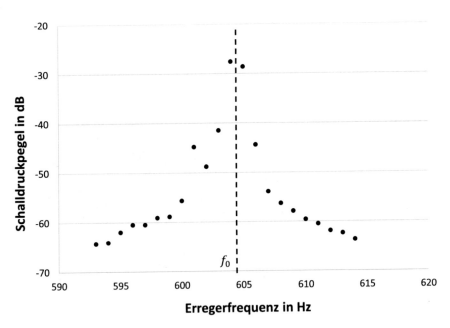

Abb. 3.12 Grafische Darstellung der Messreihe

Eigenfrequenz, erzwungene Schwingungen und Resonanz

Nachdem ein Körper einmalig zum Schwingen angeregt wurde, führt er freie Schwingungen (Eigenschwingungen) mit einer bestimmten Frequenz aus. Diese Frequenz hängt lediglich von dem Körper selbst ab und wird deshalb *Eigenfrequenz* genannt. Beispielsweise hängt die Eigenfrequenz eines Fadenpendels ab von seiner Länge oder die eines Federpendels von der Masse des schwingenden Körpers. Infolge von Reibungsverlusten nimmt die Amplitude einer freien Schwingung ständig ab und der Körper nimmt nach geraumer Zeit seine Ruhelage ein. Wird dagegen die Schwingung eines Körpers durch periodische Energiezufuhr von außen aufrechterhalten, so führt er sogenannte *erzwungene Schwingungen* durch. Dies kennen Sie z. B. von der Kinderschaukel, bei der man durch Anschieben oder durch eine geschickte Verlagerung des eigenen Schwerpunkts dem schwingenden System regelmäßig Energie zuführt. Die Frequenz der Energiezufuhr nennt man *Erregerfrequenz*.

Die Amplitude einer erregten Schwingung hängt von der Erregerfrequenz ab und erreicht ihr Maximum für den Fall, dass Erreger- und Eigenfrequenz gerade einander entsprechen – man spricht dann von *Resonanz*.

Unter Umständen kann die angeregte Schwingung sogar zur Zerstörung des Körpers führen. Ein prominentes Beispiel einer solchen Resonanzkatastrophe ist der Zusammenbruch der Tacoma-Narrows-Hängebrücke im US-Bundesstaat Washington. Die durch den Wind angeregte Torsionsschwingung führte am 07.11.1940 und somit erst vier Monate nach der Inbetriebnahme zum Einsturz der Brücke. Damit Brücken nicht durch Marschieren im Gleichschritt zu erzwungenen Schwingungen angeregt werden, ist dies durch den §27 der Straßenverkehrs-Ordnung (StVO) strikt untersagt. Dort heißt es in Absatz (6): „Auf Brücken darf nicht im Gleichschritt marschiert werden."

Schallgeschwindigkeit für Einsteiger und Fortgeschrittene

Experiment 18: Messung an der „Pfälzer Röhre"

Vielleicht kennen Sie noch aus Ihrer Schulzeit eine klassische Methode, die Schallgeschwindigkeit zu bestimmen. Eine Person steht auf dem Sportplatz mit einer in Bereitschaft gehaltenen Starterklappe. In genau bekanntem Abstand – dafür bietet sich die 100-m-Bahn an – stehen dann weitere Personen mit Stoppuhren. Sobald diese die Starterklappe zuschlagen sehen, starten sie die Messung. Wenn dann der „Knall" ankommt, wird die Messung beendet und aus der Zeitdifferenz und der Entfernung zwischen Starterklappe und Stoppuhr die Schallgeschwindigkeit berechnet. (Die Lichtgeschwindigkeit des optischen Signals kann hier getrost vernachlässigt werden.) Das ist eine schöne Messmethode, weil das Phänomen der Zeitverzögerung hierbei eindrucksvoll erlebt werden kann. Allerdings ist diese Messung auch von größeren Unsicherheiten gekennzeichnet. Insbesondere macht hier die menschliche Reaktionszeit das Ergebnis ungenau.

Dank technischer Entwicklungen und interessanter Smartphone-Apps lässt sich die Schallgeschwindigkeit mittlerweile in vielfältiger Weise, sehr einfach und vor allem auch genauer messen. Wir beginnen mit einer „Einsteigermethode", auf deren theoretische Grundlagen bereits beim Korkenziehen (s. Experiment 1) hingewiesen wurde.

Für die Messung benötigen wir lediglich ein oder zwei Smartphones sowie ein hohes zylinderförmiges Glas (Vogt et al., 2014). Solche Gläser gehören als Schoppengläser in der Pfalz zur unbedingt notwendigen Alltagsausstattung. Wir haben ihnen deshalb den Namen „Pfälzer Röhre" gegeben.

Die Messung der Schallgeschwindigkeit erfolgt dabei grundsätzlich nach dem gleichen Prinzip wie beim Korkenziehen (s. Experiment 1). Dort wurde dem Resonanzraum im Flaschenhals ein „breites Angebot" an akustischen Frequenzen durch Reibung und Luftströmung beim Ziehen des Korkens gemacht. Das geht beim Trinkglas natürlich nicht. Dafür können wir aber ein Smartphone nutzen, auf dem eine App zum Erzeugen eines „weißen Rauschens" (vgl. Infokasten) installiert ist. Damit „rauschen" wir nun in das Glas hinein (Abb. 3.13). Von den im weißen Rauschen enthaltenen Frequenzen wird nun diejenige als Resonanzfrequenz verstärkt, die für die Glasgeometrie (vor allem die Höhe) und das darin enthaltene Gas (in der

Abb. 3.13 Bestimmung der Schallgeschwindigkeit mit der „Pfälzer Röhre"

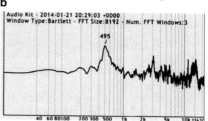

Abb. 3.14 Screenshots zur Messung der Schallgeschwindigkeit; weißes Rauschen ohne Glas (a), Resonanzfrequenz in der „Pfälzer Röhre" (b) (App: Audio Kit)

Regel Luft) charakteristisch ist. Die verstärkte Frequenz werden wir ohne Hilfsmittel nicht heraushören können. Aber auch hier kann wieder eine Smartphone-App helfen. Diese muss ein Frequenzspektrum darstellen können. Oft wird dieses als „FFT-Spektrum" bezeichnet (vgl. Infokasten). Im besten Fall kann eine App genutzt werden, die beides gleichzeitig kann. Wir haben dafür die App „Audio Kit" genutzt. Alternativ kann die Messung auch mit zwei Smartphones durchgeführt werden, von denen eines das Rauschen erzeugt und das andere das Frequenzspektrum aufnimmt, oder das weiße Rauschen wird durch das Zusammenknüllen eines Papiers erzeugt. Die Ergebnisse unserer Messung sind in Abb. 3.14 dargestellt. Screenshot (**a**) zeigt die Frequenzverteilung des weißen Rauschens ohne Glas. Es „zappelt" zwar etwas, aber es sind keine deutlich ausgeprägten Einzelfrequenzen zu sehen. Screenshot (**b**) zeigt dann die Messung der Frequenzen, während das Smartphone in das Glas hinein rauscht. Hier ist eine deutlich hervorgehobene Frequenz bei 495 Hertz erkennbar.

Mit diesem Messergebnis und den Grundlagen aus Experiment 1 können wir die Schallgeschwindigkeit jetzt bestimmen. Das für die Messung verwendete Glas weist eine Höhe L von 15 cm und einen Radius R von 3,7 cm auf. Damit ergibt sich die Schallgeschwindigkeit in Luft zu:

$$c_{\text{Luft}} = 4f_0(L + \Delta L) = 4 \cdot 495 \text{ s}^{-1} \cdot (0{,}15 \text{ m} + 0{,}61 \cdot 0{,}037 \text{ m})$$

$$c_{\text{Luft}} \approx 342 \, \frac{\text{m}}{\text{s}}$$

Die Messung wurde bei einer Raumtemperatur von 24 °C durchgeführt, was theoretisch eine Schallgeschwindigkeit von 346 m/s erwarten lässt. Insofern erzielt diese einfache Messmethode ein überraschend gutes Ergebnis.

„Weißes Rauschen"

So wird in der Akustik die Überlagerung vieler Frequenzen bezeichnet. Dabei ist die Leistungsdichte der Frequenzen konstant. Das heißt, es gibt für keine Frequenz den hervorgehobenen Wert eines Schalldruckpegels. In einem Frequenzspektrum würde demnach ein ideales weißes Rauschen eine Konstante (im Diagramm als horizontale Linie) darstellen.

Eine Analogie zum akustischen weißen Rauschen stellt in der Optik das weiße Licht dar. Auch dieses Licht besteht aus der Überlagerung vieler optischer Wellenlängen. Die Konstanz der Leistungsdichte gilt jedoch nicht für Licht, das wir als „weiß" wahrnehmen.

FFT-Klanganalysen

FFT steht hier für *Fast Fourier Transform* bzw. *schnelle Fourier-Transformation*. Dahinter verbirgt sich ein mathematischer „Trick", bei dem eine gegebene Funktion (hier die Überlagerung aller akustischen Frequenzen eines Klangs) nach einem System von Basisfunktionen entwickelt wird. Mit einem hinreichend schnellen Rechner ist es damit möglich, die Amplituden von kleinen Frequenzintervallen beliebiger akustischer Signale zu bestimmen und diese als Spektrum wie z. B. in Abb. 3.14 darzustellen.

FFT-Analysen werden auch im Alltag vielfältig eingesetzt: vom akustischen „Fingerabdruck" in der Forensik bis hin zur Bewertung der Singstimme bei Karaokeprogrammen.

Experiment 19: Das Weinglas als Helmholtz-Resonator

Es könnte natürlich gut sein, dass Sie gar kein Schorle-Glas vor sich haben, sondern vielleicht gerade einen Rotwein bevorzugen. Auch in diesem Fall müssen Sie nicht auf eine Bestimmung der Schallgeschwindigkeit verzichten. Die notwendige Berechnung ist nur minimal aufwendiger als bei der „Pfälzer Röhre" und geht auf einen Universalgelehrten des 19. Jahrhunderts, *Hermann von Helmholtz* (1821–1894), zurück.

Das Vorgehen der Messung folgt prinzipiell dem Experiment 18 im vorherigen Abschnitt. Wir benötigen jetzt ein (leeres) bauchiges Glas sowie ein Smartphone (Monteiro et al., 2015). Ist dieses Gerät mit einer App ausgestattet, die gleichzeitig ein weißes Rauschen erzeugen und eine Frequenzmessung vornehmen kann, ist kein weiteres Smartphone erforderlich.

Während das Smartphone ein weißes Rauschen erzeugt, wird es bei aktivierter Frequenzmessung mit der Seite, an der sich die Mikrofone befinden, leicht in das Glas getaucht. Aus der Mischung vieler Frequenzen im weißen Rauschen „wählt" das Glas seine Resonanzfrequenz aus und verstärkt diese. Analog zum vorherigen Experiment wird diese Frequenz wieder als deutlicher Peak vom Smartphone angezeigt (Abb. 3.15) und mit

Abb. 3.15 Bestimmung der Schallgeschwindigkeit mit bauchigen Gläsern

ihrer Hilfe kann auf die Schallgeschwindigkeit geschlossen werden. Dafür wird jetzt allerdings das Weinglas nicht als einfaches einseitig offenes Rohr betrachtet, sondern als sogenannter *Helmholtz-Resonator* (vgl. Infokasten). Für einen solchen Hohlraumresonator ohne Hals ergibt sich die Resonanzfrequenz f_0 aus der folgenden Gleichung (Trendelenburg, 1950, S. 225):

$$f_0 = \frac{c}{2\pi} \cdot \sqrt{\frac{2R}{V}}$$

Wir benötigen neben der vom Smartphone gemessenen Resonanzfrequenz also noch den Öffnungsradius R des Weinglases sowie das Volumen V des Hohlraumes. Während der Radius mit einem Lineal schnell gemessen ist, kann das Volumen am besten mit einem Messbecher ermittelt werden. Dabei kommt man übrigens schnell ins Staunen. In manchem Rotweinglas lässt sich durchaus eine ganze Flasche unterbringen (was in der geselligen Praxis vermutlich aber nicht gut ankommen dürfte …).

Da wir hier die Schallgeschwindigkeit c bestimmen wollen und die Resonanzfrequenz gemessen haben, wird die Gleichung noch umgestellt und die am Glas ermittelten Werte aus dem Beispiel von Abb. 3.15 eingesetzt:

$$c = 2\pi f_0 \cdot \sqrt{\frac{V}{2R}} = 2\pi \cdot 596\,\text{s}^{-1} \cdot \sqrt{\frac{0{,}7 \cdot 10^{-3}\,\text{m}^3}{2 \cdot 0{,}04\,\text{m}}} = 350\,\text{m} \cdot \text{s}^{-1}$$

Aus der Frequenzmessung sollte sich also eine Schallgeschwindigkeit von ca. 350 m/s ergeben. Das Experiment wurde bei einer Raumtemperatur von 25

a   b   c   d

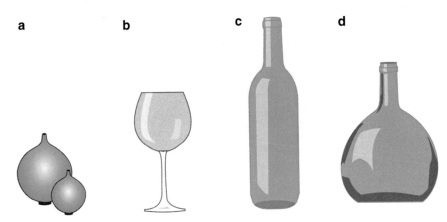

Abb. 3.16 Historische **(a)** und unkonventionelle Helmholtz-Resonatoren **(b–d)**

°C durchgeführt und lässt somit eine Schallgeschwindigkeit von ca. 346 m/s erwarten. Für ein solches – aus physikalischer Sicht – grobes Experiment ist das Ergebnis mit einem relativen Fehler von etwa 1 % damit erstaunlich gut!

Was ist ein Helmholtz-Resonator?

Im Jahr 1859 entwickelte der Physiologe und Physiker *Hermann von Helmholtz* (1821–1894) eine bis dahin noch fehlende Theorie der Hohlraumresonatoren, die akustische Zusammenhänge zwischen der Geometrie eines mit Gas gefüllten Hohlraumes und seiner Resonanzfrequenz erklären konnte. Wird ein solcher Hohlraum mit möglichst einfacher geometrischer Form (Abb. 3.16a) durch verschiedene Frequenzen akustisch angeregt, dann zeigen die von der Helmholtz'schen Theorie vorhergesagten Frequenzen eine Verstärkung.

In der historischen Praxis wurden die Resonatoren unter anderem zur Frequenzanalyse verwendet. *Helmholtz* selbst beschrieb es so, dass er die schmale Öffnung mit einem noch flüssigen, aber nicht mehr schmerzhaft heißen Wachs überzog und sie sodann in den Gehörgang einführte. Das erkaltende Wachs schloss dann die verbleibenden Zwischenräume zwischen Ohr und Resonator. Die andere Öffnung wurde nun Geräuschen verschiedener Frequenzen ausgesetzt. Die durch die Abmessungen des Resonators vorgegebene Resonanzfrequenz wurde deutlich wahrnehmbar verstärkt.

Die in Abb. 3.16b, c und d dargestellten Hohlraumresonatoren finden in der Alltagspraxis zwar weniger in akustischen Zusammenhängen Anwendung. Es lässt sich aber zeigen, dass sie mit mehr oder weniger Einschränkungen durchaus der Helmholtz-Theorie genügen (s. hierzu auch Experiment 20).

Experiment 20: Weinflaschen als Helmholtz-Resonatoren

Nachdem gezeigt ist, dass bauchige Weingläser als akustische Hohlraum-resonatoren sehr gut der Helmholtz-Theorie genügen, wenden wir uns nun der geleerten Flasche zu. Können wir auch auf Weinflaschen diese Theorie anwenden? Wenn es so wäre, dann müsste sich auch die typische, beim Anblasen einer leeren Weinflasche hörbare Frequenz vorhersagen lassen. Prüfen wir das nach!

Eine verbreitete Flaschenform ist die Bordeauxflasche, wie in Abb. 3.16c dargestellt. Ihre Kennzeichen sind die sogenannten Schultern und – hier von besonderem Interesse – der lange Flaschenhals mit konstantem Durchmesser. Für die Vorhersage der Frequenz soll die Flasche als Helmholtz-Resonator aufgefasst werden. Für die Grundfrequenz solcher Resonatoren mit langem Hals (im Vergleich zur Öffnung) gilt die folgende Gleichung (Trendelenburg, 1950, S. 225):

$$f_0 = \frac{c}{2\pi} \sqrt{\frac{\pi \cdot R^2}{V \cdot L}}$$

Dabei ist c die Schallgeschwindigkeit, für die hier (bei der Umgebungs-temperatur von 22 °C) 345 m/s eingesetzt werden.

R ist der Radius der Flaschenöffnung und beträgt 1 cm. L als Länge des Flaschenhalses beträgt hier 8 cm. Das Volumen V der Flasche kennen wir natürlich auch: 0,75 l. Genau ausgemessen beträgt das schwingende Luftvolumen jedoch 0,79 l.

Setzt man alle Größen in die Gleichung für die Frequenz ein, erhält man die theoretisch zu erwartende Grundfrequenz von $f_0 = 122$ Hz. Zur

Abb. 3.17 Grundfrequenz einer angeblasenen Weinflasche (App: Spaichinger Schall-analysator); oben: Messwert, unten: zur gemessenen Frequenz passende Musiknote

experimentellen Überprüfung dieser Vorhersage benötigen wir erneut ein Smartphone oder ein anderes Gerät mit einer Möglichkeit der Frequenzmessung. In diesem Fall kommt eine App zum Einsatz, die die gemessene Grundfrequenz sowie den musikalischen Ton ausgibt (z. B. *Spaichinger Sahallanalysator*). Nun lassen wir die Flasche tönen. Die Messung für die angeblasene Bordeauxflasche ist in Abb. 3.17 gezeigt. Dort wird die Peakfrequenz – das ist unsere gesuchte Grundfrequenz – mit gerundet 115 Hz angegeben. Somit liegt unsere theoretische Vorhersage gar nicht so schlecht. Der relative Fehler ist in der Größenordnung von weniger als 6 %.

Freunden fränkischer Weine stehen nach dem Genuss in Gestalt des „Bocksbeutels" (Abb. 3.16d) noch andere akustische Resonatoren zur Verfügung. Bocksbeutel fallen durch ihre sehr bauchige Flaschenform auf und sind tatsächlich nahezu ein Privileg der Franken. In dessen gebirgigem Gelände haben die Flaschen beim Picknick im Freien den unschätzbaren Vorteil, dass sie sich nicht ungewollt zu Tale bewegen. Auch mit Bocksbeuteln lässt sich natürlich das unkomplizierte Akustikexperiment durchführen. Bei gleichem Volumen (0,75 l) wird an unserer Beispielflasche eine Halslänge von 7 cm gemessen. Der Innenradius des Halses beträgt wie bei der Bordeauxflasche 1 cm. Gemäß der oben genutzten Gleichung für die Frequenz, die auch hier Anwendung findet, ist beim Anblasen der leeren Flasche somit eine Grundfrequenz von 135 Hz zu erwarten. Die Messung an unserer Beispielflasche ergibt hier eine Frequenz von 124 Hz. Auch dieser Wert stimmt bei einem relativen Fehler von 8 % einigermaßen gut mit der Vorhersage überein.

Beide Experimente zeigen uns somit, dass sich Weinflaschen in grober Näherung als Helmholtz-Resonatoren auffassen lassen, auch wenn sie nicht in exakter Weise der Helmholtz-Theorie folgen.

Da ist Musik drin – Gläser und Flaschen als Instrumente

Experiment 21: Weinglasharmonika

Pink Floyd nutzten sie mehrfach in Live-Konzerten (z. B. im Titel *Shine On You Crazy Diamond*), auch in der klassischen Musik sind sie – virtuos gespielt – manchmal auf der Bühne zu hören: singende Weingläser (Abb. 3.18). Und wenn Sie mit Ihren Gästen gerade eine Trinkpause haben, dann stellen Sie doch alle Gläser zusammen, halten eine Flasche Wasser und ein Stimmgerät bereit und dann kann es losgehen. Natürlich steckt hinter

Abb. 3.18 „Singende Weingläser" als Musikinstrument

Abb. 3.19 Schwingungen sichtbar gemacht; Glasrand gerieben (a), Glas angeschlagen (b)

diesem nicht alltäglichen Instrument wieder jede Menge Physik, der wir im Folgenden nachgehen werden.

Eine Methode, Gläser zum Klingen zu bringen, besteht darin, mit einem angefeuchteten Finger über ihren Rand zu gleiten. Mit nur wenig Übung findet man schnell den richtigen Druck heraus und ein – im wahrsten Wortsinn – glasklarer und zarter Klang ist zu hören. Wie kommt es dazu? Einen Hinweis können wir beim Reiben des Glasrandes in einem mit etwas Wasser gefüllten Glas aus der Beobachtung der Wasseroberfläche erhalten. Sie zeigt feine rippelförmige Wellenmuster insbesondere am Glasrand (Abb. 3.19a). Offensichtlich wird das Glas durch den Vorgang zu schnellen Schwingungen angeregt und überträgt diese an das Wasser. Die Schwingungsanregung des Glases erfolgt über den gleitenden Finger, der eigentlich gar nicht so „glatt" dahingleitet, sondern abwechselnd haftet und wieder gleitet. Wir kennen das im Alltag auch von der furchtbar quietschenden Kreide an der Schultafel. In der Schwingungslehre der Physik wird hierbei vom *Stick-Slip-Effekt* gesprochen (vgl. Infokasten). Das Wasser am angefeuchteten Finger hat dabei die Aufgabe, die Reibung auf das richtige Maß zu reduzieren. Ein genauerer Blick auf die Wellenmuster des Wassers im geriebenen Glas zeigt uns, dass diese Wellenrippeln sich in gleichem Drehsinn wie der Finger bewegen.

Eine andere Methode, das Glas zum Klingen zu bringen, besteht darin, es mit einem Holzstab oder einem kleinen Löffel anzuschlagen. Wenn Sie das am Tisch mit vielen Gästen tun, werden sich trotz des Partygeräuschpegels in Erwartung einer Ansprache alle Augen auf Sie richten. Das zeigt, wie durchdringend der Klang sein kann. Auch hier werden mit etwas Wasser im Glas nach dem Anschlagen auf der Wasseroberfläche wieder Wellenmuster

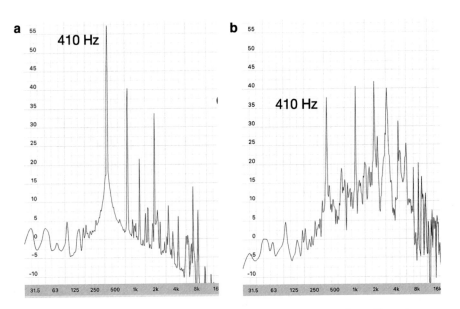

Abb. 3.20 Vergleich der unterschiedlich erzeugten Klänge am selben Glas mit unveränderter Wasserfüllung; „geriebenes" Weinglas (**a**), angeschlagenes Weinglas (**b**)

sichtbar. Nur erscheinen sie in diesem Fall als konzentrische Wellenberge und -täler (Abb. 3.19b).

Beurteilt man nach Gehör das Fingerreiben und das Anschlagen – angewendet am selben Glas, wird man feststellen, dass die Klänge ähnlich, aber nicht genau gleich sind. Probieren Sie es aus! An den Frequenzspektren lässt sich erkennen, dass die Grundfrequenzen jeweils gleich oder nahezu gleich sind. Das Glas schwingt in beiden Fällen in seiner Resonanzfrequenz, die durch seine Geometrie und Glasdicke fest eingebaut ist, die aber von der Menge einer im Glas enthaltenen Flüssigkeit verändert werden kann. Jedoch unterscheiden sich in den beiden Anregungsarten die Spektren der Obertöne (Abb. 3.20). Die deutliche Dominanz des Grundtons sowie die vergleichsweise wenigen Obertöne erzeugen den ganz besonderen Klang beim Reiben des Glases.

Um das Entstehen des Grundtons eines Weinglases zu veranschaulichen, kann hier auf ein einfaches „Kaffeebechermodell" zurückgegriffen werden (Vogt et al., 2015; Abb. 3.21). Die zum Schwingen angeregte Glaswandung bildet Stellen maximaler und minimaler Bewegung aus, die als „Schwingungsbäuche" und „Schwingungsknoten" bezeichnet werden. Im einfachsten Schwingungsmodus, der der Frequenz des Grundtons entspricht, sind das vier paarweise einander gegenüberliegende und jeweils gegeneinander schwingende Flächen, die durch vier Knotenlinien voneinander getrennt sind. Da wir im Spektrum noch weitere Frequenzen sehen, die den Obertönen entsprechen, muss es auch noch weitere Muster von Bäuchen und Knotenlinien geben. Diese sind der Grundschwingung

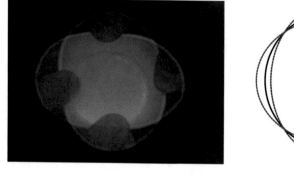
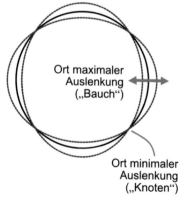

Ort maximaler
Auslenkung
(„Bauch")

Ort minimaler
Auslenkung
(„Knoten")

Abb. 3.21 „Kaffeebechermodell" für die Grundschwingung eines Weinglases

überlagert. In diesem Schwingungsverhalten sind sich Weingläser und Glocken übrigens sehr ähnlich (s. auch Experiment 15).

Die Unterschiede der Wellenmuster auf den Wasseroberflächen in Abb. 3.19 können damit erklärt werden, dass die sich auf der Glasoberfläche bildenden Muster aus Schwingungsbäuchen und Knotenlinien beim Reiben mit dem kreisenden Finger mitwandern. Wird hingegen das Glas angeschlagen, bleiben die Muster auf der Glasoberfläche statisch.

Der Ausgangspunkt der bisherigen Überlegungen war, mehrere Weingläser zu einem Instrument zusammenzustellen. Dafür müssen wir nun noch auf die Tonhöhe der schwingenden Gläser eingehen. Nehmen wir an, auf dem Gästetisch steht nur eine Sorte von Weingläsern. Dann muss das Stimmen der Gläser über die unterschiedliche Befüllung mit einer Flüssigkeit erfolgen. Wir haben exemplarisch ein großes Burgunderglas vermessen, zunächst ganz ohne Füllung und dann mit einer maximalen Füllung, bei der ein Klang noch gut hörbar war. Dieses Glas hat demnach seine obere Frequenzgrenze bei 398 Hz im leeren Zustand und seine untere Grenze bei ca. 260 Hz. Dabei war das Glas noch nicht restlos gefüllt, aber die Klangqualität wird bei noch weiterer Füllung drastisch schlechter. Mit fünf Gläsern dieser Sorte lässt sich also durch entsprechendes Befüllen die Musiknotenfolge c^1 (262 Hz), d^1 (294 Hz), e^1 (330 Hz), f^1 (349 Hz) und g^1 (392 Hz) erzielen. Immerhin: „Hänschen klein" ist damit schon möglich und die im nachfolgenden Experiment vorgeschlagene Flaschenpanflöte würde mit dieser Weinglasharmonika perfekt harmonieren!

Abschließend bleibt noch die Frage zu klären, warum die Tonhöhe des geriebenen oder angeschlagenen Glases mit der Füllhöhe einer Flüssigkeit abnimmt. Hierfür kommen wir auf die zum Schwingen angeregten Wände des Glases zurück. Ist das Glas leer, kann es in seiner Resonanzfrequenz schwingen. Mit einer Füllung im Glas müssen die schwingenden Glaswände gegen den Widerstand der Flüssigkeit arbeiten. Die Schwingung wird dadurch langsamer und die Frequenz sinkt. Je mehr Flüssigkeit das Glas dabei enthält, desto tiefer wird somit der Ton der Grundfrequenz.

Ganz nebenbei noch eine historische Anmerkung: Bereits um das Jahr 1760 hat der Staatsmann und Naturforscher *Benjamin Franklin* (1706–1790) eine Glasharmonika erfunden, die ganz genau nach dem Reibungsprinzip der hier beschriebenen Weinglasharmonika funktionierte. Auf einer gemeinsamen Achse befestigt waren mehrere Dutzend Glasglocken platzsparend so in- bzw. übereinander gestülpt, dass ihre Ränder jeweils mit dem Finger bespielt (gerieben) werden konnten. *Franklins* Erfindung an diesem Instrument bestand in dem Fußantrieb, mit dem die Glasglocken alle miteinander in Bewegung versetzt werden konnten (Abb. 3.22).

Abb. 3.22 Glasharmonika mit Fußantrieb (mit freundlicher Genehmigung des Historischen Museums Frankfurt, aufgenommen von Horst Ziegenfusz)

Stick-Slip-Effekt

Der Stick-Slip-Effekt beschreibt das Wechselspiel von Haft- und Gleitreibung zwischen Flächen zweier aneinander reibender fester Körper. Damit es zu diesem Effekt eines „ruckelnden Reibens" kommt, muss die Haftreibungskraft F_{HR} deutlich größer sein als die Gleitreibungskraft F_{GR}. Daraus ergibt sich für die entsprechenden Reibungskoeffizienten:

$$\mu_{HR} \gg \mu_{GR}$$

Im System der reibenden Körper führt das abwechselnde Haften und Gleiten zur Anregung von Schwingungen, die oft von den Oberflächen als Schall abgestrahlt werden. Dass dabei anscheinend – wie am Beispiel des geriebenen Weinglases gesehen – ausgerechnet die Eigenfrequenz des Glases getroffen wird, müsste doch sehr verwundern. Tatsächlich entsteht durch den Stick-Slip-Effekt eine Mischung aus verschiedenen Frequenzen. Das physikalische System „Weinglas" verstärkt aber als Resonator gerade seine Eigenfrequenz und es kommt somit zu der gut hörbaren Resonanz.

Erwünscht ist der Stick-Slip-Effekt beim Anstreichen der Saite eines Musikinstruments. Unerwünscht ist er z. B. beim Quietschen von Türangeln. In solchen Fällen werden durch das Einbringen eines Schmiermittels die beiden reibenden festen Oberflächen voneinander getrennt.

Experiment 22: Weinflaschenpanflöte

Bei Weinliebhabern sammeln sich mit der Zeit einige leere Flaschen an. Dass diese auch zum Experimentieren geeignet sein können, haben wir bereits in Experiment 20 („Helmholtz-Resonatoren") gesehen. Genau daran soll jetzt angeknüpft werden. Nur dass dieses Mal gleich mehrere leere Flaschen zum Einsatz kommen sollen. Mit diesen und den Erkenntnissen des Helmholtz-Resonator-Experimentes können wir hervorragend musizieren und gemeinsam mit der zuvor besprochenen Glasharmonika könnte schon fast von einem Orchester gesprochen werden.

Die Rede ist hier von einer „Weinflaschenpanflöte". In der Systematik der Musikinstrumente würde man diese den sogenannten *Gefäßflöten* zuordnen, einer Gattung von kulturgeschichtlich sehr früh, nämlich bereits im Neolithikum, genutzten Instrumenten.

Um den Aufwand zu begrenzen und die spätere Handhabung zu vereinfachen, stellen wir hier eine 5-Ton-Flaschenflöte vor. Grundlage des Instrumentes ist – auch das ist eine Vereinfachung späterer Berechnungen – das je fünffach gleiche Modell einer Standardweinflache in Bordeauxform (die mit den „Schultern"), für die im vollständig geleerten Zustand bereits die Grundfrequenz berechnet (121 Hz) und gemessen (115 Hz) wurde (s. Experiment 20). Das würde nahezu der musikalischen Note Ais bzw. A$^#$ entsprechen und wäre der tiefste Ton, der durch Anblasen mit dieser Flasche erreicht werden kann.

Wie groß ist nun der Tonumfang dieser Flasche? Den höchsten erreichbaren Ton könnten wir wiederum mit der zuvor angegebenen Gleichung berechnen. Dafür müsste das Volumen der schwingenden Luft in der Flasche minimiert werden. Es geht aber auch einfacher. Nehmen wir an, die Flasche ist soweit gefüllt, dass nur der 8 cm lange Flaschenhals als Resonator zur Verfügung steht. Für diesen Fall kennen wir bereits aus dem ersten Experiment zum Korkenziehen die Grundfrequenz, sie beträgt nämlich 925 Hz (Tab. 1.1). Der höchste nutzbare Ton für eine Flaschenpanflöte sollte also eine Frequenz von unter 900 Hz haben und der Tonumfang für ein 5-Ton-Instrument genügt damit locker. Wenn man sich im tieferen Bereich des Tonumfangs bewegen möchte, dann bieten sich die folgenden Töne (mit zugehörigen Grundfrequenzen) an: c (130,8 Hz); d (148,8 Hz); e (164,8 Hz); f (174,6 Hz) und g (196,0 Hz).

Jetzt muss die Flaschenflöte gestimmt werden. Wer ein musikalisches Gehör hat, kann durch sukzessives Befüllen, Anblasen und Hören erfolgreich sein. Das gute Gehör könnte etwa auch durch eine geeignete Smartphone-App ersetzt (oder unterstützt) werden. Dennoch soll hier die Methode der Berechnung nicht unterschlagen werden. Wir stellen für das gesuchte Luftvolumen die Gleichung des Flaschen-Helmholtz-Resonators um:

$$V = \frac{c^2 \cdot R^2}{4\pi \cdot f_0^2 \cdot L}$$

Wobei f_0 die für den jeweils gewünschten Ton erforderliche Grundfrequenz ist.

Für den Ton c mit gerundet 131 Hz ergibt sich somit ein Luftvolumen von $V = 686$ cm³. Um die 790 cm³ Luft der leeren Flasche zu reduzieren, müssten somit 104 cm³ Wasser in die leere Flasche gefüllt werden.

Auch hier zeigt die Kontrollmessung des erzeugten Tons Abweichungen zu den Berechnungen mit relativem Fehler von etwa 6 %. Als grobe Richtwerte lassen sich die berechneten Füllmengen aber gut verwenden. Tab. 3.2 gibt die Beispielrechnungen im Vergleich zu den Messungen für die hier verwendete Flasche an.

Die in Tab. 3.2 und Abb. 3.23 angegebenen Werte wurden für eine Temperatur von 21 °C berechnet bzw. bei dieser Temperatur gemessen. Dieser Hinweis zeigt, dass unsere so gestimmte Flaschenpanflöte temperaturempfindlich ist. In der Berechnungsgleichung ist diese Abhängigkeit in der Schallgeschwindigkeit c versteckt, die wiederum selbst von der Temperatur abhängt (vgl. Infokasten).

Tab. 3.2 Berechnete und gemessene Stimmung einer Flaschenpanflöte für eine Temperatur von 21 °C

Ton (dt. Notation)	Grundfrequenz (gerundet) in Hz	Berechnetes Auffüll- volumen in ml	Gemessene Grund- frequenz in Hz	Relativer Fehler in %
c	131	104	126	3,8
d	147	245	139	5,4
e	165	358	161	2,4
f	175	406	168	4,0
g	196	484	194	1,0

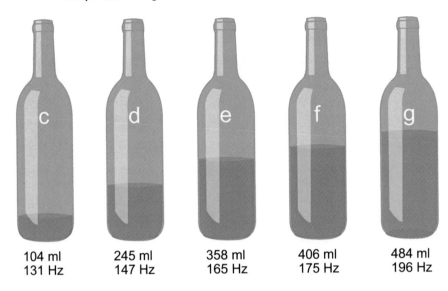

104 ml	245 ml	358 ml	406 ml	484 ml
131 Hz	147 Hz	165 Hz	175 Hz	196 Hz

Abb. 3.23 Auffüllmengen, Töne und Grundfrequenzen angeblasener Flaschen am Beispiel einer Bordeauxweinflasche

Schallgeschwindigkeit und Temperatur

Die Ausbreitung akustischer Wellen erfordert stets ein Medium. Das kann ein Festkörper, eine Flüssigkeit oder ein Gas sein. Für Experimente mit angeblasenen Flaschen spielt die schwingende Luft in der Flasche die entscheidende Rolle. Für Gase wie Luft gilt, dass sie mit steigender Temperatur schwerer komprimierbar sind. Für die Schallausbreitung in Gasen ist die Komprimierbarkeit ein wesentlicher Faktor. Je schwerer ein Gas komprimierbar ist, desto schneller breiten sich die Schallschwingungen aus. Es gilt die folgende Proportionalität:

$$c \sim \sqrt{T}$$

Dabei ist T die absolute Temperatur (gemessen in Kelvin). Daraus ergibt sich, dass Schall sich in wärmerer Luft schneller ausbreitet. Für eine einfache Abschätzung der Schallgeschwindigkeit in Luft bei verschiedenen Temperaturen kann die folgende Beziehung genutzt werden (Lüders & von Oppen, 2008, S. 525):

$$c = \left(331,3 + 0,6 \cdot \vartheta/^{\circ}\mathrm{C}\right) \frac{\mathrm{m}}{\mathrm{s}}$$

Dabei ist $\vartheta/^{\circ}\mathrm{C}$ der Zahlenwert der Celsius-Temperatur. Für Luft bei 21 °C ergibt sich somit eine Schallgeschwindigkeit von etwa 344 m/s.

4

Genießen mit allen Sinnen: Optische Phänomene an Weingläsern

Wenn das vorherige Kapitel in seiner Überschrift als „Das Ohr trinkt mit" bezeichnet wurde, so gilt Gleiches zweifellos auch für das Auge. Nicht ohne Grund sagt der Volksmund einer Person nach, die sich intensiv mit dem Wein auseinandergesetzt hat, sie hätte zu tief „in das Glas geschaut". Aber genau das beabsichtigen wir hier in diesem Kapitel zu tun. Dabei kommen erneut Gläser verschiedener Formen und auch verschiedene Glasfüllungen ins Spiel. Wie sieht die Welt durch ein bauchiges Glas gesehen aus? Macht Rotwein die Welt eigentlich rot? Und sollte es zu viel Rot sein, dann machen wir daraus eben einen Blanc de Noirs. Oder haben Sie Lust auf eine Zigarre zum Wein, aber kein Feuerzeug bei der Hand? Macht nichts, wir finden eine Lösung …

Weingläser als Linsen

Ein herrlicher Sommernachmittag in einer mittelalterlichen Stadt. Man sitzt beim Rosé und wird noch vor dem ersten Schluck gewahr, dass doch die Welt im Glas enthalten ist (Abb. 4.1). Nur steht sie auf dem Kopf. Wie kommt das eigentlich? Mit einigen interessanten Beobachtungen und Experimenten gehen wir hier den optischen Eigenschaften gefüllter Weingläser auf den Grund.

L. Kasper und P. Vogt, *Physik mit Barrique*, https://doi.org/10.1007/978-3-662-62888-1_4

Abb. 4.1   Die Welt im Glas steht Kopf

Experiment 23: Burgunderglas – Kugellinse und Schusterkugel

Wie der Name der Schusterkugel verrät, diente diese z. B. Schuhmachern und anderen Handwerkern einst zur sparsamen, aber dafür punktgenauen Beleuchtung. Für diesen Zweck wurden eine mit Wasser gefüllte Kugel und eine Kerze so zueinander positioniert, dass es im Brennpunkt der Kugel, der knapp außerhalb der Kugel liegt, einen sehr hellen Lichtfleck ergab. Der Schuhmacher konnte somit deutlich besser seine Nähte erkennen (Abb. 4.2).

Um den Effekt einer Schusterkugel zu erleben, können wir auch auf ein kugelförmig gewölbtes Weinglas zurückgreifen. Kerzen gehören ja ohnehin oft zu einem schönen Ambiente, sodass der Versuch fast schon fertig aufgebaut ist. Allerdings sollte es ein Weißwein sein oder – wissenschaftlich etwas korrekter – ein mit Wasser gefülltes Weinglas. Physikalisch gesehen handelt es sich dann bei bauchigen Glasformen annähernd um Kugellinsen, die im nachfolgenden Infokasten genauer beschrieben werden.

Abb. 4.2 Eine Schusterkugel als historische Handwerkerleuchte

Hat man ein wirklich „kugeliges" Weinglas mit Wasser befüllt, lässt sich dieses im Sonnenlicht im wahrsten Wortsinn zum Brennglas machen, mit dem es tatsächlich gelingen kann, ein hinter dem Glas gehaltenes Stück Papier zu entzünden.

Physik der Kugellinsen

Als Kugellinsen bezeichnet man lichtdurchlässige kugelförmige Körper, die sich von dem sie umgebenden Medium durch ihren optischen Brechungsindex unterscheiden. Mit anderen Worten: Das Licht breitet sich innerhalb einer solchen Kugellinse mit anderer Geschwindigkeit aus als außerhalb. Trifft Licht nun von außen auf die sphärische (kugelförmige) Oberfläche der Linse, wird es gebrochen. Tritt es wieder aus der Linse aus, dann erfolgt erneut eine optische Brechung. Abb. 4.3 zeigt eine massive Glas-Kugellinse (Brechungsindex ca. 1,5), die aus der Luft (Brechungsindex ca. 1,0) vom Licht einer punktförmigen Quelle getroffen wird.

An der Modellkonstruktion in Abb. 4.3 ist hinter der Linse so etwas wie ein Brennpunkt zu erkennen. Tatsächlich lässt sich mit einer Glaskugel und Sonnenlicht Papier einfach entzünden. Allerdings ist der Brennpunkt kein wirklicher Punkt. Kugellinsen weisen erhebliche Linsenfehler auf, insbesondere die *sphärische Aberration,* die den Brennpunkt zu einer Linie werden lässt.

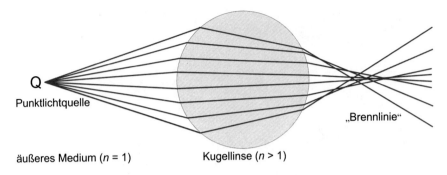

Abb. 4.3 Zweifache Brechung divergenten Lichtes durch eine Kugellinse

Wo ist der Brennpunkt einer Kugellinse? Die Antwort hängt von drei Parametern ab. Das sind die Brechzahlen des Linsenmaterials und des umgebenden Mediums sowie der Radius der Kugellinse.

$$f_{Linse} = \frac{n_{Linse}}{n_{Linse} - n_{Medium}} \cdot \frac{R}{2}$$

Dabei wird diese Brennweite vom Mittelpunkt der Kugellinse (Hauptebene der Linse) gerechnet. Die Gleichung gilt dabei wegen der oben genannten sphärischen Aberration nur für Licht, das nahe der Mittelachse auf die Linse fällt.

Befindet sich die Kugellinse in Luft, dann ist $n_{Medium} = 1$. Man erkennt mithilfe der obigen Gleichung, dass sich der Brennpunkt außerhalb der Kugel befindet, solange die Brechzahl des Linsenmaterials kleiner als 2 bleibt (was bei einer Glaskugel und bei einem mit Wasser gefüllten Glas gegeben ist).

Der Verlauf des Lichtes innerhalb einer Kugellinse kann auf folgende Weise sichtbar gemacht werden: Anstelle einer Glaskugel dient hier ein mit Wasser (Brechungsindex ca. 1,3) gefülltes Weinglas. Das Wasser im Experiment in Abb. 4.4 wurde für eine bessere Sichtbarkeit des Lichtdurchganges mit wenigen Tropfen Milch eingetrübt. Die Lichtquelle ist ein alter Diaprojektor, der ein nahezu paralleles und sehr helles Lichtbündel erzeugt.

Kugellinsen fanden historisch vor allem als Beleuchtungshilfe Verwendung. Sie werden aber auch heute noch in Miniaturoptiksystemen als Objektivlinsen, z. B. für optische Sensoren oder zur Einkopplung von Licht in Fasern eingesetzt.

Experiment 24: Spaß mit Zylindergläsern

Nicht alle Weingläser sind bauchig und bereits für die akustischen Zwecke haben wir zylinderförmige Gläser benutzt – z. B. die „Pfälzer Röhre" als

Abb. 4.4 Brechung beim Eintritt von parallelem Licht in ein bauchiges Weinglas

Schoppenglas. Haben solche Gläser eine annähernd gute Zylinderform und ist die Glaswand nicht zu dick, lassen sich auch unter optischen Gesichtspunkten interessante Beobachtungen machen. Das Glas muss hierfür allerdings gefüllt sein. Merke: Vor dem Weingenuss kommen die optischen Erscheinungen, nach dem Leeren der Gläser lässt es sich mit diesen besser akustisch experimentieren!

Im Folgenden sollen vor allem die Eigenschaften von geeigneten Gläsern als Zylinderlinsen untersucht werden. Als Zylinderlinse bezeichnen wir Linsen, die eine zylindrisch geformte Oberfläche haben. Anders als in sphärischen Linsen erfolgt in Zylinderlinsen die Lichtbrechung in nur einer Dimension.

Vielen, die eine Brille oder auch Kontaktlinsen tragen, ist vielleicht gar nicht bewusst, dass die in der Regel sphärisch geschliffenen Gläser oft noch mit einem mehr oder weniger stark ausgeprägten Zylinderschliff überformt werden. Das ist immer dann der Fall, wenn das Auge neben der Weit- oder Nahsichtigkeit noch einen sogenannten *Astigmatismus* (eine Stabsichtigkeit) aufweist.

Während optische Bauelemente in fast allen Fällen nur die Form eines Zylindersegments aufweisen, ist die „zylindrigste" Linse, die man sich denken kann, eine optische Linse, deren Form ein vollständiger Zylinder ist. So etwas finden wir im Haushalt in Form von zylinderförmigen durchsichtigen Gläsern oder Flaschen. Und damit sind wir wieder bei der „Pfälzer Röhre". Zur Zylinderlinse wird ein solches Glas jedoch erst durch seine Füllung. Natürlich kann neben Schorle auch Wasser verwendet werden, dessen Brechungsindex wir gut kennen ($n = 1{,}3$).

In dem in Abb. 4.5 gezeigten Experiment befindet sich ein vertikaler Schriftzug unmittelbar hinter einem mit Wasser gefüllten Glaszylinder.

Der Schriftzug in Abb. 4.5a ist gut zu lesen, die Buchstaben erscheinen etwas in die Breite gezogen. Es gibt also eine Lupenwirkung – aber eben nur eindimensional, und zwar nur in eine Richtung senkrecht zur Zylinderachse.

Ziehen wir den Zylinder langsam von dem Schriftzug weg, also zu uns hin, erscheint nach einem kurzen „Umschlag" der Schriftzug zwar nicht mehr vergrößert, aber wieder klar lesbar (Abb. 4.5b). Erstaunlicherweise scheint in unserem Experiment das grüne Wort den Umschlagprozess schadlos „überlebt" zu haben, während die roten Bestandteile spiegelverkehrt zu

Abb. 4.5 Blick durch ein zylinderförmiges Glas; Glas unmittelbar vor dem Schriftzug (**a**), Glas etwas entfernt vom Schriftzug (**b**)

lesen sind! Ganz sicher ist es kein Effekt der Farbe und beim genauen Blick wird klar, dass alle grünen Buchstaben eine vertikale Spiegelsymmetrieachse aufweisen. Sie haben ebenfalls ihre Seiten getauscht, was uns aber nicht wirklich auffällt.

Versuchen Sie selbst mit solchen Gläsern ein paar optische Spielereien durchzuführen. Bewegen Sie – während Sie durch das Glas blicken – hinter dem Glas einen Gegenstand von einer Seite in das Blickfeld hinein. Beobachten Sie, wo der Gegenstand zuerst erscheint.

Zylinderlinsen

Anders als sphärische Linsen fokussieren Zylinderlinsen nur in einer Richtung, d. h., sie bündeln Licht nicht in einem Brennpunkt, sondern in einer Brennlinie parallel zur Zylinderachse (Abb. 4.6).

Für die Lage der Brennlinie hinter der Zylinderlinse gilt im Falle von Linsen mit kreisförmigem Querschnitt, z. B. mit Wasser gefüllte Gläser, wiederum die Gleichung für Kugellinsen (s. Experiment 23).

Mit zwei gekreuzten (senkrecht zueinander angeordneten) Zylinderlinsen mit jeweils gleichem Krümmungsradius lassen sich Abbildungen erzielen, die denen einer sphärischen Linse entsprechen. Das heißt, sie ergeben dann für einen Gegenstandspunkt G keine Bildlinie, sondern wieder einen Bildpunkt B.

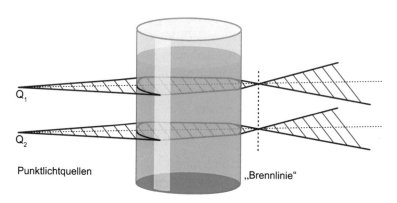

Abb. 4.6 Ausgewählte optische Strahlenverläufe an einer Zylinderlinse

Durchs Glas geschaut

Experiment 25: Rotwein als Farbfilter

Die bisherigen Blicke durch verschieden geformte Weingläser zielten auf deren geometrische Form und die damit verbundenen Brechungseigenschaften ab, die sie haben, wenn sie mit einer klaren Flüssigkeit gefüllt sind. Im Folgenden soll die Form der Gläser keine Rolle spielen. Wir wenden uns nun vielmehr der tiefgründig roten Farbe des Weins zu. Bekanntlich trinkt ja das Auge mit. So beeinflusst die wahrgenommene Farbe oft bereits vor dem ersten Schluck unser Urteil über einen Wein. Wir neigen dazu, besonders dunklen Rotweinen und solchen mit einer rot-violetten Farbschattierung eine höhere Qualität zuzusprechen. Jedenfalls sollte er lieber keine bräunlichen Akzente aufweisen. Insgesamt ist das Thema „Farbe" hochkomplex. Hier wirken neben den eigentlichen und durch die jahrgangsweise schwankenden Witterungsumstände bedingten Gehaltstoffen, die Methoden der Weinbereitung, die späteren Reifungsprozesse, der Reifegrad, die Lagerung des Weins mit variierendem Sauerstoffkontakt sowie die Temperaturen vielfältig ineinander.

Um einen übersichtlichen Zugang zu finden, beginnen wir mit einer einfachen Fragestellung, die ebenso einfach experimentell entschieden werden kann:

Was geschieht, wenn man mit zwei verschiedenfarbigen Lichtquellen, etwa einem roten und einem grünen Laserpointer, durch Rotwein hindurch leuchtet (Abb. 4.7)? Durchdringen beide Lichtstrahlen den Wein? Bevor wir das experimentell untersuchen (Kasper & Vogt, 2022), gehen wir noch der Frage nach, warum uns Rotwein überhaupt rot erscheint. Oder, noch allgemeiner: Was macht eigentlich den Farbeindruck eines Gegenstandes aus, den wir betrachten?

Wir gehen dabei davon aus, dass der Wein kein selbstleuchtendes Objekt wie z. B. ein Stern oder eine Lampe ist (wäre er selbstleuchtend, sollten Sie mit dem Verkosten sehr vorsichtig sein). Wir sehen Objekte, die nicht selbst leuchten nur deshalb, weil sie von Lichtquellen angeleuchtet werden. Ein Glas Wein wird – bei Tageslicht betrachtet – von der Sonne beleuchtet. Sonnenlicht beinhaltet als weißes Licht das gesamte Farbspektrum, das wir wahrnehmen können. In Wellenlängen ausgedrückt also ungefähr die Wellenlängen von 400 nm (blau-violett), die an das nicht sichtbare Ultraviolett angrenzen bis 780 nm (rot), wo der Übergang zum ebenfalls nicht sichtbaren Infrarot ist.

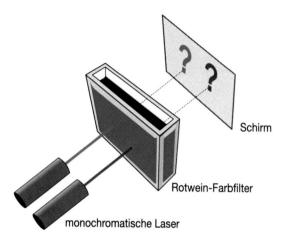

Abb. 4.7 Laserpointer mit grünem und rotem Licht treffen auf Rotwein

Der Rotwein nimmt dieses weiße Lichtgemisch auf und einen Teil dieser Strahlung absorbiert er. An seinen ganz spezifischen Eigenschaften, wie dem Gehalt an roten Pigmenten, vor allem aus der Schale der Beeren, liegt es, dass der Wein nur ganz bestimmte Lichtfarben (bestimmte Wellenlängen des Lichts) wieder abstrahlt. Aus der Mischung der abgestrahlten Farben ergibt sich schließlich für uns der Farbeindruck.

Das Durchleuchten einer Rotweinschicht mit verschiedenfarbigem Licht führt nun auf den Begriff des Farbfilters und damit auf die sogenannte *subtraktive Farbmischung*. Diese Bezeichnung legt es schon nahe: Ein Farbfilter „subtrahiert" bestimmte Wellenlängenbereiche des einfallenden Lichtes und lässt nur einen Teil hindurch.

Im Fall des Rotweins ist es eben ein Wellenlängenbereich, der im sichtbaren Rot liegt. Einen wesentlichen Anteil daran haben die *Polyphenole* im Rotwein und unter diesen bestimmen vor allem die *Anthocyane* dessen Farbe. In Abhängigkeit vom pH-Wert lassen sich Anthocyane energetisch durch sichtbares Licht anregen. Dabei wird grünes Licht im Wellenlängenbereich um 520 nm absorbiert. Das führt dazu, dass unser Seheindruck für dieses Pigment dann gerade in der Komplementärfarbe Rot liegt und dass uns damit die gesamte Flüssigkeit als rot erscheint.

Für das Laserpointerexperiment ist das Ergebnis damit klar. Das grüne Licht des Lasers (in unserem Fall mit einer Wellenlänge von 530 nm) wird von den roten Farbpigmenten absorbiert. Hinter der mit Rotwein gefüllten Küvette im Experiment (Abb. 4.7) ist kein grüner Lichtpunkt auf dem Schirm zu sehen. Das rote Laserlicht hingegen durchdringt den Rotwein nahezu ungestört und verursacht auf dem Schirm einen roten Lichtpunkt.

Rotwein in einem geeigneten transparenten Gefäß eignet sich somit gut als optisches Filter.

Farbfilter in der Optik

Transmissionsgrad

Als optische Filter werden transparente feste Stoffe (z. B. Glas) oder Flüssigkeiten bezeichnet, die mindestens einen Teil des Spektrums entweder absorbieren oder reflektieren. Auftreffendes und durchgelassenes Licht bilden dabei ein Verhältnis, das als *Transmissionsgrad* τ bezeichnet wird. Im Fall von monochromatischem Licht ist das der *spektrale Transmissionsgrad* $\tau(\lambda)$. Dabei muss stets gelten: $\tau \leq 1$

Massefilter

Optische Filter, die auf der Absorption beruhen, werden *Massefilter* genannt. Bei diesen Filtern werden nahezu alle Lichtanteile, die nicht durchgelassen werden, vom Filtermaterial absorbiert. Diese Materialien enthalten farbige Pigmente, die der Glasschmelze bzw. der Flüssigkeit zugesetzt werden. Im Fall des Rotweins sind das vor allem die Anthocyane, die den Grünanteil vom Licht absorbieren.

Neben den Massenfiltern werden in der Optik auch noch *Interferenzfilter* eingesetzt, die hier aber nicht besprochen werden.

Das Farbfilterexperiment lässt sich natürlich auf weitere Farben erweitern. Dazu blickt man am besten selbst durch eine „Rotweinbrille" oder eben durch ein gut gefülltes Rotweinglas! Alle Rottöne werden hindurchgelassen, während Farben umso dunkler, bis hin zum Schwarz, erscheinen, je geringer ihr Rotanteil ist. In Abb. 4.8 wurde einfach die mit Merlot gefüllte Küvette aus dem vorhergehenden Experiment vor die Linse einer Kamera gehalten. Man erkennt, wie selbst schon der geringe Grünanteil der grüngelben Limette in der Mitte beim Blick durch den Rotweinfarbfilter für einen schon fast schwarzen Farbeindruck sorgt, während das Gelb der reifen Zitrone und das Orange der Mandarine offensichtlich einen hohen Rotanteil zeigen.

Experiment 26: Ein Blick ins Glas mit der Infrarotkamera

Eigentlich scheint es ganz einfach zu sein: Zur Herstellung von Weißwein nutzt man weiße Trauben, zur Herstellung von Rotwein rote. Wie stellt man jedoch einen Rosé oder gar einen Blanc de Noirs (franz. „Weißer aus Schwarzen) her? Weiße Trauben liefern beim Keltern zwangsläufig weißen

Abb. 4.8   Verschiedenfarbige Zitrusfrüchte durch ein „Rotweinfarbfilter" gesehen

Traubensaft, der durch Gärung und entsprechenden Ausbau zu einem Weißwein verarbeitet wird – daran ist nichts zu rütteln. Anders dagegen ist es bei roten Trauben, deren Fruchtfleisch und Saft nicht selten ebenfalls weiß sind. Die Farbstoffe, die im Experiment 25 bereits angesprochenen Anthocyane, befinden sich zunächst nämlich vorwiegend in der Beerenschale (Abb. 4.9).

Je nach Verarbeitung der Maische gelangen diese Pigmente mehr oder weniger stark in den Wein. Möchte man einen Rotwein ausbauen, so lässt man den Saft auf den Beerenschalen vergären, wobei der entstehende Alkohol die Farbstoffe aus der Schale herauslöst (sogenannte Maischegärung). Das Pressen der Maische und somit die Trennung von Saft und Schale erfolgt nach der Gärung. Zur Herstellung eines Rosés wird die Kontaktzeit von Saft und Beerenschalen auf wenige Stunden begrenzt, sodass weniger Farbe in den Saft übergeht. Zum Ausbau eines Blanc de Noirs sind Saft und Beeren möglichst rasch nach der Lese voneinander zu trennen, d. h., die Trauben werden unmittelbar gekeltert. Wie gut die

Abb. 4.9 Auch bei den meisten roten Rebsorten ist der Saft und das Fruchtfleisch der Beeren weiß, die Farbstoffe sitzen lediglich in der Schale

Weißweinproduktion aus roten Trauben tatsächlich funktioniert, hängt von der Färbung des Saftes und somit von der Rebsorte ab. Das Fruchtfleisch von Regenttrauben hat beispielsweise bereits einen rötlichen Ton, sodass diese Rebsorte zur Herstellung eines Weißweins ungeeignet wäre. Ganz anders ist dies dagegen beim Spätburgunder, der daher für einen Großteil des in Deutschland produzierten Blanc des Noirs verwendet wird.

Auch nach dem Ausbau zu einem Rotwein kann dieser jedoch unter Nutzung der Infrarotfotografie gewissermaßen in einen Weißwein und somit zu einem Blanc de Noirs „verwandelt" werden (Mangold et al., 2015). Hierbei wird ausgenutzt, dass das Licht des nahen Infrarotbereichs (780 nm bis 3 μm) durch den Rotwein viel weniger stark gestreut wird als das sichtbare Licht (Stichwort „Rayleigh-Streuung", vgl. Infokasten). Wären unsere Augen also auch für infrarotes Licht empfindlich, könnten wir problemlos durch Rotwein hindurchschauen und er würde uns klar wie Weißwein erscheinen.

Die spektrale Empfindlichkeit des in handelsüblichen Digitalkameras genutzten CCD-Chips reicht von rund 400 bis 1100 nm (Abb. 4.10). Da das Licht des nahen Infrarotbereichs das Bild jedoch unscharf und kontrastärmer machen und die Farbwiedergabe verschlechtern würde, kommen in Digitalkameras Infrarotsperrfilter zum Einsatz, welche Wellenlängen oberhalb von 700 nm unterdrücken (Abb. 4.11a). Entfernt man diesen Filter aus dem Strahlengang einer abgelegten Digitalkamera und nutzt zusätzlich einen Infrarotdurchlassfilter (Abb. 4.11b), der vor das Objektiv gehalten oder aufgeschraubt wird, so ergibt sich eine preiswerte Möglichkeit zur digitalen Infrarotfotografie.

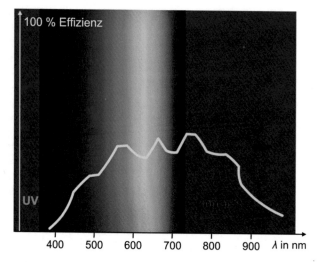

Abb. 4.10 Empfindlichkeitskurve von handelsüblichen CCD-Chips

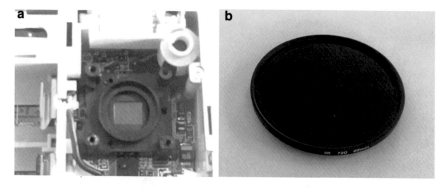

Abb. 4.11 Digitalkamera mit IR-Filter (**a**), Infrarotdurchlassfilter zum Aufschrauben auf das Kameraobjektiv (**b**)

Ein Beispielbild eines tiefdunklen Rotweins, aufgenommen mit einem Infrarotdurchlassfilter von smardy (Grenzwellenlänge 720 nm), zeigt Abb. 4.12c. Der oben beschriebene Effekt ist deutlich zu erkennen und der Rotwein wird zu einem Blanc de Noirs!

Abb. 4.12 Rotwein, aufgenommen mit sichtbarem Licht (**a**), mit infrarotem und sichtbarem Licht (**b**), nur mit infrarotem Licht (**c**)

Abb. 4.13 Durchs Weinglas betrachtete untergehende Sonne

Rayleigh-Streuung

Die nach *John William Strutt* bzw. *Lord Rayleigh* (1842–1919) benannte Streuung kommt zustande, wenn die Wellenlänge λ des Streulichts deutlich größer ist als die Größe der Streupartikel. Die Intensität des Streulichts I ist dann umgekehrt proportional zu λ^4. Kurzwelliges blaues Licht (ca. 450 nm) wird somit, z. B. an den Luftmolekülen der Atmosphäre, stärker gestreut als langwelliges Rot (ca. 650 nm):

$$\frac{I_{\text{blau}}}{I_{\text{rot}}} = \frac{\lambda_{\text{rot}}^4}{\lambda_{\text{blau}}^4} = \left(\frac{650\,\text{nm}}{450\,\text{nm}}\right)^4 \approx 4{,}4$$

Umgekehrt ist demnach die sogenannte Extinktion, also die deutlich geringere Schwächung des roten Lichts als die des blauen beim Durchlaufen der Atmosphäre. Dies ist u. a. der Grund dafür, dass uns der Himmel tagsüber blau und die untergehende Sonne rot erscheint (Abb. 4.13). Aufgrund des großen Lichtwegs durch die Atmosphäre bei Sonnenuntergang kann uns nur noch der Rotanteil auf direktem Weg erreichen. Völlig analog ist die Situation bei unserem „Blanc de Noirs", den das infrarote Licht mit geringer Streuung passiert.

5

Von guten und schlechten Tropfen: Strömungslehre des Weins

In den nächsten Experimenten möchten wir uns mit dem Verhalten des Weins als Flüssigkeit beschäftigen. Der dafür zuständige wissenschaftliche Zweig der Physik ist die Strömungslehre oder auch Fluidmechanik. Diese Teildisziplin hilft uns zu verstehen, warum das Einschenken eine komplizierte Angelegenheit ist oder warum selbst an den schönsten Abenden der Wein zu Tränen neigt. Außerdem werden wir sehen, dass Hydrophobie keine Krankheit ist, sondern in der Natur zu mehr Reinlichkeit führt. Schließlich möchten wir Sie noch zum Weinholen schicken – aber bitte mit einem Sieb!

Einschenken? Ja bitte, aber ohne Malheur!

Experiment 27: Kleckern als Naturgesetz

Die Gäste haben Platz genommen, die Stimmung könnte feierlicher nicht sein, alle Blicke ruhen auf dem perfekt belüfteten Wein in der Hand des Gastgebers. Barrique, so profund rot wie das Tischtuch in seiner Unschuld weiß. Der Flaschenhals neigt sich dem Glas zu und gibt den kostbaren Inhalt frei. Leider nicht nur ins Glas – das Tischtuch bekommt auch wieder seinen Teil ab. Wie ungeschickt! Musste das sein?

Ja, es musste! Schauen wir genauer hin (Abb. 5.1).

Es scheint, als wäre das Kleckern ein Naturgesetz. Festgehalten vom Glas der Flasche macht sich der Wein auf den Weg um den Rand der Öffnung

L. Kasper und P. Vogt, *Physik mit Barrique*, https://doi.org/10.1007/978-3-662-62888-1_5

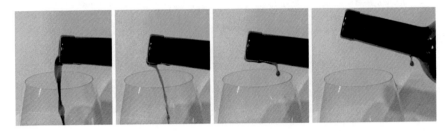

Abb. 5.1 Standbildserie vom Einschenken aus einer Weinflasche

herum unbeirrt in Richtung äußerer Flaschenhals und lässt sich nicht mehr
aufhalten.

Die Welt der Physik ist schon lange auf dieses Problem aufmerksam
geworden. Bereits in den 50er-Jahren des letzten Jahrhunderts bekam es
seinen Namen: *teapot effect*. Was das Kleckern betrifft, sind Wein- und Tee-
trinker offensichtlich Leidensgenossen. Seitdem gab und gibt es eine Reihe
von Erklärungsversuchen. Strömungswirbel im Strahl der ausgegossenen
Flüssigkeit sollen diese an die äußere Wand der Tülle anschmiegen lassen.
Auch meinten Physiker, im atmosphärischen Luftdruck den Haupt-
schuldigen zu erkennen. Sogar den *Ig-Nobelpreis*[1] gab es 1999 für eine Ver-
öffentlichung zum *teapot effect*.

Dass die Erklärung eines so alltäglichen Phänomens nicht trivial ist,
zeigen immer neue theoretische und experimentelle Arbeiten. Letztlich ist
der Prozess des Abtrennens des Flüssigkeitsstroms bzw. des „Herumfließens"
um die Kante abhängig von der Fließgeschwindigkeit, der Trägheitskraft
der Flüssigkeit und von den Wechselwirkungskräften zwischen Flüssigkeit
und Flaschenhals bzw. Ausgießer. Diese werden mit der *Hydrophilie* des
benetzten Materials beschrieben, was soviel wie „wasserliebend" bedeutet.
Im Fall der Weinflaschen haben wir es mit Glas zu tun, das ein solches
hydrophiles Material darstellt. Eine Eigenschaft, die somit zum Kleckern
beiträgt.

Schließlich spielt auch die Geometrie der unteren Kante eines Ausgießers
eine entscheidende Rolle. Je geringer der Krümmungsradius der Kante ist,
über die der Wein abfließt, desto besser ist die Chance, dass die Trägheits-
kräfte der fließenden Flüssigkeit die Oberhand behalten, diese sich vom
Rand des Ausgießers trennen kann und somit ihr Ziel, das Weinglas, nicht

---

[1] *Ig-Nobel* ist – als wörtlich übersetzt zwar „unwürdiger Preis" – tatsächlich eine unter Wissen-
schaftlerinnen und Wissenschaftlern sehr begehrte Auszeichnung, die erstmals 1991 am MIT
(Massachusetts Institute of Technology) vergeben wurde.

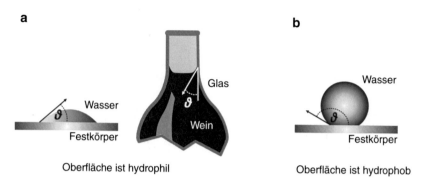

Abb. 5.2 Kontaktwinkel ϑ zwischen einer Flüssigkeit und einem Festkörper; hydrophil (**a**), hydrophob (**b**)

verfehlt. Allerdings ist bei Weinflaschen der Rand des Flaschenhalses eher nicht hinreichend scharfkantig – eine weitere potenzielle Entschuldigung für mögliche Missgeschicke.

Hydrophil oder hydrophob?

Die gemeinsame Grenzfläche zweier Stoffe, die miteinander in Kontakt stehen, unterliegt der sogenannten *Grenzflächenspannung*. Je nach dem Vorzeichen dieser Spannung führt es beim Kontakt einer Flüssigkeit mit einer festen Wand (z. B. Wasser und Glas), zu einer Benetzung oder auch nicht. An der Berührungsstelle bildet sich ein entsprechender Winkel aus (Abb. 5.2a). Als *hydrophil* bezeichnet man solche Grenzflächen fester Stoffe, bei denen dieser Kontaktwinkel zu einer angrenzenden Wasseroberfläche kleiner als 90° ist.

Als *hydrophob* („wassermeidend" und damit das Gegenteil zu *hydrophil*) wird ein Material bezeichnet, dessen Oberfläche gegenüber Wasser einen Kontaktwinkel von mehr als 90° aufweist (Abb. 5.2b). Wasser zeigt dann das Bestreben, sich kugelförmig zusammenzuziehen. Solche Materialien kommen in der Natur bei Pflanzen vor und dienen z. B. der Reinigung von Blattoberflächen. In der Technik wird der auf die Pflanze zurückzuführende *Lotuseffekt* z. B. bei Teflonbeschichtungen ausgenutzt.

Die Grenzflächenspannung ist auf die zwischenmolekularen Kräfte der Flüssigkeitsmoleküle untereinander sowie auf die molekularen Wechselwirkungen mit dem Wandmaterial zurückzuführen. Deshalb hängt diese Spannung und damit auch die Benetzungsfähigkeit ab von der Art des Wandmaterials und der Flüssigkeit. Die Kombination Wasser-Glas ergibt in der Regel eine benetzende Situation. Allerdings kann es durch absichtlich oder unabsichtlich auf das Glas aufgebrachte Beschichtungen zu hydrophoben Effekten kommen.

Die Grenzflächenspannung trägt die Einheit einer Kraft pro Länge: 1 N/m.

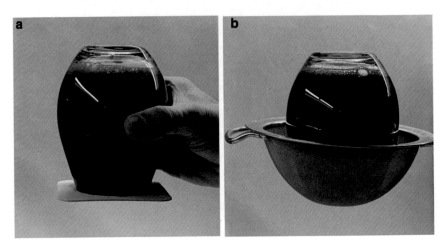

Abb. 5.3 Das umgekehrte Glas hält dicht! Mit einem Bierdeckel (**a**), mit einem Sieb (**b**)

Da wir beim Einschenken an der Art der Flüssigkeit (Wein) und am Flaschenmaterial (Glas) nichts ändern wollen, lassen sich alle experimentelle Evidenzen und theoretischen Betrachtungen aus der Hydromechanik für den Alltag in zwei einfache Handlungsempfehlungen für ein Einschenken von Wein ohne Malheur zusammenfassen:

- Seien Sie mutig und schenken Sie schnell ein! Die Trägheit der fließenden Flüssigkeit „gewinnt" dann eher gegen die Wechselwirkungskräfte mit dem Glas der Flasche.
- Nutzen Sie „scharfkantige" Ausgießer! Es ist dann für die Flüssigkeit schwerer, um die Kante „herum zu fließen".

Experiment 28: Wein mit dem Sieb tragen?

Zugegeben, es gibt kaum einen guten Grund, das zu versuchen. Es wäre schade um den Wein und es könnte dem eigenen Ruf schaden. Nicht umsonst kennen wir Redensarten wie: *Mit einem Dummen zu reden, ist wie Wasser in einem Sieb zu tragen.* Das suggeriert die Vergeblichkeit der Bemühungen und der gesunde Menschenverstand möchte hier zustimmen. Aber langsam, vielleicht urteilt das Sprichwort an dieser Stelle voreilig! Tasten wir uns einmal physikalisch an die Situation heran.

Vielen ist das folgende kleine Experiment bereits aus der Schule bekannt: Wir nehmen ein Glas – in unserem Fall selbstverständlich ein Weinglas – füllen es randvoll mit Wasser und decken es z. B. mit einem Bierdeckel ab. Nun wird das Ganze vorsichtig auf dem Kopf gestellt, wobei der Bierdeckel beim Umdrehen fest an die Glasöffnung gedrückt wird. Steht das Glas einmal auf dem Kopf, kann der Bierdeckel losgelassen werden. Das Ergebnis ist – wenn auch schon bekannt – immer wieder erstaunlich (Abb. 5.3a). Der Bierdeckel hält!

Aber was hält ihn eigentlich? Es ist der Druck der uns umgebenden Luft. Dieser wirkt unabhängig von Richtung und Orientierung auf alle Flächen, eben auch auf den Bierdeckel und presst diesen an den Glasrand. Auf der anderen Seite des Bierdeckels, im Innern des Glases, finden wir ebenfalls einen Druck vor. Dieser entspricht in unmittelbarer Nähe zum Bierdeckel ebenfalls nahezu dem äußeren Luftdruck. (Eine detailliertere Diskussion des Drucks im Glas erfolgt im Infokasten.) Die Flüssigkeit im Glas „lastet" also nicht auf dem Bierdeckel. Dass der Bierdeckelverschluss dichthält, kann mit der *Adhäsionskraft* zwischen den Molekülen der Flüssigkeit und dem Bierdeckel sowie mit der *Kohäsionskraft* der Flüssigkeitsmoleküle untereinander erklärt werden.

Wenn sich äußerer Luftdruck und der Druck der Flüssigkeit ganz unten im umgekehrten Glas gleichen, ist dann nicht eigentlich der Bierdeckel sogar überflüssig? Wie wir wissen, gelingt der Versuch ohne eine stützende Fläche unter der Glasöffnung nicht. Kleinste Unebenheiten an der großen Grenzfläche der Flüssigkeit selbst und an der angrenzenden Kontaktlinie mit dem Glas führen zu Verformungen und diese wiederum zum „Aufreißen" der Oberfläche und schließlich zum Auslaufen der Flüssigkeit. Der Bierdeckel dient also lediglich der Stabilisierung der Flüssigkeitsoberfläche.

Druckverhältnisse beim „Bierdeckelversuch"

Der *hydrostatische Druck p(h)* einer Flüssigkeit in einem aufrechtstehenden und oben offenen Glas setzt sich zusammen aus der Gewichtskraft der Flüssigkeitssäule pro Fläche und dem *atmosphärischen Druck* p_0:

$$p(h) = \rho \cdot g \cdot h + p_0$$

Dabei ist ρ die Dichte der Flüssigkeit, h ist die Höhe der Flüssigkeitssäule und g der Ortsfaktor 9,81 m/s².

Aus der Gleichung kann abgelesen werden, dass der Druck mit der Tiefe linear zunimmt und am Boden des Glases maximal ist. Nach oben hin nimmt er ab und am oberen Ende – unmittelbar unter dem Pegel – entspricht der Druck nahezu dem äußeren Druck p_0.

Für das umgekehrte Glas ändert sich die Situation insofern, als es durch den Bierdeckel und das Wasser geschlossen ist. Für den Druck in der Flüssigkeit gilt in diesem Fall:

$$p_{\text{innen}} = p_0 - \rho \cdot g \cdot h$$

Dabei gibt h wiederum die Höhe des Flüssigkeitsstandes im Glas an. Hier gilt nun also, dass der Druck in der Flüssigkeit unten (bei $h=0$) in unmittelbarer Nähe des Bierdeckels dem äußeren Luftdruck p_0 entspricht. Auch hier nimmt der Druck mit steigender Höhe im Glas linear ab.

Das Glas kann also durchaus eine größere Füllhöhe aufweisen, der Druck unten am Bierdeckel bleibt bei etwa dem Außendruck. Das Experiment kann mit einer randvoll gefüllten Flasche ausgeführt werden, deren Öffnung mit einem Stück starrer Folie abgedeckt ist. Auch das hält dicht!

Wie hoch könnte das Glas (theoretisch) sein?
Eine theoretische Grenze für die maximale Höhe des Glases ist dadurch gegeben, dass am oberen Pegel der Druck so niedrig wird, dass der Dampfdruck der Flüssigkeit erreicht wird. Bei Zimmertemperatur liegt der Dampfdruck von Wasser bei etwa 25 hPa.

Stellt man die oben angegebene Gleichung für das umgekehrte Glas um, und setzt den Normwert für den atmosphärischen Druck p_0 und den Dampfdruck p_{Dampf} für Wasser ein, erhält man die Grenzhöhe h_{max}:

$$h_{\text{max}} = \frac{p_0 - p_{\text{Dampf}}}{\rho_{\text{Wasser}} \cdot g} = \frac{(1013 - 25)\,\text{hPa}}{1000\,\text{kg} \cdot \text{m}^{-3} \cdot 9{,}81\,\text{m} \cdot \text{s}^{-2}} \approx 10{,}1\,\text{m}$$

Diese maximale Höhe ist in diesem Experiment mit „Bierdeckelverschluss" allerdings praktisch nicht mehr umsetzbar.

Nun können wir den ohnehin schon erstaunlichen Bierdeckelversuch noch variieren. Anstelle eines Bierdeckels nehmen wir jetzt als Abdeckung des wieder randvollen Glases ein Sieb! Dieses wird auf das noch aufrechtstehende und wieder randvoll gefüllte Glas gesetzt. Ein nicht zu großes Weinglas begünstigt hier den Erfolg des Experimentes, denn diesmal muss die unterstützende Hand beim Umkehren des Glases die vom Sieb abgedeckte Oberfläche der Glasöffnung möglichst wasserdicht abschließen. Ist das Glas dann in der „Kopf-über-Stellung", sollte durch die abdichtende Handfläche nichts auslaufen. Dann greift man mit der anderen Hand vorsichtig das Sieb an seinem Griff und löst vorsichtig die Hand unter dem Sieb. Mit etwas Glück und Geschick bleibt dann das Wasser (oder der Wein) im Glas und läuft nicht durch das Sieb (Abb. 5.3b).

Das ist noch erstaunlicher als der Bierdeckelversuch! Wie gelingt es dem Sieb, die Flüssigkeit zu halten? Das Sieb erfüllt die gleiche Funktion wie zuvor der Bierdeckel. Es stabilisiert die Flüssigkeitsoberfläche. Nur muss es dafür diese Oberfläche nicht vollständig „stützen". Ein hinreichend dichtes Netz aus Siebmaschen reicht trotz der darin liegenden Öffnungen

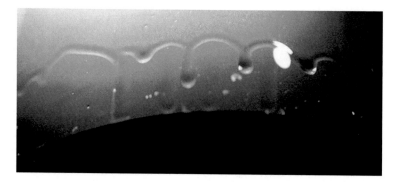

Abb. 5.4 Rotwein bildet nach dem Schwenken im Glas typische „Tränen"

offensichtlich aus. Ist die Maschenweite klein genug, dann genügt die Oberflächenspannung der Flüssigkeit, sich dort selbst zu stabilisieren. Damit verstehen wir auch das Funktionieren der ganzen vom Sieb bedeckten Glasöffnung.

Übrigens lässt sich dieser Versuch noch – im wahrsten Sinne – auf die Spitze treiben: Sticht man mit einer Nadel von unten durch eine Siebmasche hindurch, sodass sie in das Glas hineinragt, läuft die Flüssigkeit weiterhin nicht aus! Auch dabei ist wieder die Oberflächenspannung der jetzt noch engeren Zwischenräume der stabilisierende Faktor.

Oberflächenspannung

Anziehungskräfte zwischen den Molekülen einer Flüssigkeit bewirken, dass sich die Oberfläche der Flüssigkeit mit einer Membran, die unter mechanischer Spannung steht, vergleichen lässt. Diese als Oberflächenspannung bezeichnete Kraft pro Länge tritt parallel zur Oberfläche auf. Die *Oberflächenspannung* σ entspricht der *Oberflächenenergie* W_A pro Fläche:

$$\sigma = \frac{W_A}{A}$$

Eine Flüssigkeitsoberfläche – als „gespannte Haut" – hat bei gegebener Oberflächenspannung eine minimale Energie, wenn auch die Fläche minimal wird, und hat daher das Bestreben, sich zu einer Kugelform zusammenzuziehen. Ein Beispiel hierfür ist die Tropfenbildung.

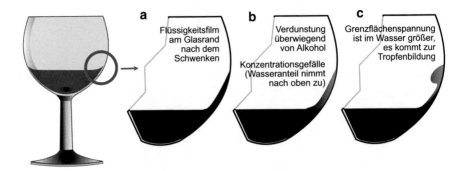

Abb. 5.5   Schema zur Erklärung des Marangoni-Effektes in Weingläsern (a–c)

Experiment 29: Tränen aus Wein

Ein herrlicher Rotwein ist im Glas, und das ist ganz sicher kein Grund zum Weinen! Und dennoch können hier Tränen im Spiel sein. Probieren Sie es selbst aus. Schwenken Sie ein gefülltes Glas möglichst gleichmäßig rundherum, sodass der Wein eine größere Glasfläche in seinem Inneren benetzt. Stellen sie das Glas nun ab und warten etwa 10 s, dann lassen sich diese typischen Schlierenmuster wie in Abb. 5.4 erkennen. Die Schlieren bilden schließlich Tränen aus, die in einem schmalen Kanal im Glas hinablaufen. Versuchen Sie Blickwinkel oder Beleuchtung zu variieren, um das Phänomen noch besser wahrnehmen zu können. Solange das Glas nicht ausgetrunken ist, bleibt der Versuch wiederholbar.

Das Phänomen ist übrigens in der Wissenschaft schon lange bekannt. Der Brite *James Thomson* (1822–1892) beschrieb es erstmals 1855 als „curious motions observable at the surfaces of wine …". 16 Jahre später veröffentlichte der Italiener *Carlo Marangoni* (1840–1925) eine physikalische Erklärung des Effekts, der später nach ihm benannt wurde.

Wie kommt es eigentlich zu diesen Mustern und Tränen? Einen ersten Hinweis liefert die fast triviale Feststellung, dass es mit Wasser nicht gelingt, diese Schlieren und Tränen im Glas hervorzurufen. Es braucht schon die Mischung aus Wasser und Alkohol. Spirituosen zeigen das Verhalten übrigens auch.

Nach dem Schwenken des Weins im Glas bleibt an der Innenwand ein Flüssigkeitsfilm haften, der eine große Oberfläche aufweist (Abb. 5.5a). An dieser Oberfläche, insbesondere im oberen Bereich, verdunstet der Alkohol schneller als das Wasser. In der Folge nimmt der Anteil des Wassers in der dünnen Schicht zu (Abb. 5.5b). Weil Wasser eine deutlich größere Oberflächenspannung hat als Ethanol, nimmt in dem zurückbleibenden

Flüssigkeitsfilm die Oberflächenspannung zu und dieser versucht, sich „zusammenzuziehen" (Abb. 5.5c). Dabei kommt es sogar zu einer Bewegung, die der Schwerkraft entgegengerichtet ist. Am oberen Rand des Flüssigkeitsfilms bildet sich ein Wellenberg, auch in vertikaler Richtung bildet die Flüssigkeit Abflusskanäle, in denen sie dann tränenförmig hinabläuft.

Oberflächenspannung und Marangoni-Konvektion

Der *Marangoni-Effekt* kann erklärt werden durch einen Gradienten der Oberflächenspannung σ einer Flüssigkeit. Dieser Gradient kann einerseits thermisch hervorgerufen werden, was aber für den Fall der „Weintränen" kaum relevant ist. Der Gradient der Oberflächenspannung kann andererseits auch auf einem Konzentrationsgradienten (einem Konzentrationsgefälle) von Lösungen beruhen.

Im Wein sind Ethanol und Wasser ineinander gelöst. Der Alkoholgehalt liegt bei 10 bis 15 Volumenprozent. Durch das schnellere Verdunsten des Alkohols in den oberen Bereichen des Flüssigkeitsfilms kommt es zu einem Konzentrationsgefälle, das die Marangoni-Konvektion antreibt, eine Aufwärtsströmung gegen die Schwerkraft. Die Stärke dieser konzentrationsinduzierten Konvektion kann beschrieben werden durch die *Marangoni-Zahl* Ma, die folgendermaßen berechnet wird (Sun, 2018):

$$\mathrm{Ma} = -\frac{\partial \sigma}{\partial c}\frac{\Delta c \cdot L}{\eta \cdot \kappa}$$

Der Zusammenhang zeigt, dass die Konvektion betragsmäßig umso größer ausfällt, je größer der Gradient der Grenzflächenspannung $\frac{\partial \sigma}{\partial c}$ in Abhängigkeit von der Konzentration ist, je größer die Konzentrationsänderung Δc ist und je kleiner die dynamische Viskosität η und die thermische Diffusivität κ sind. L ist die charakteristische Längendimension der Flüssigkeit.

6

Der wohltemperierte Wein

Die nächsten Experimente sind drei typische Fälle für die Thermodynamik. Zu Beginn fragen wir nach der richtigen Temperatur eines Weines. Dabei zeigt sich, dass die größere Herausforderung darin besteht, einen Wein in warmer Umgebung auf einem optimalen niedrigeren Temperaturniveau zu halten als umgekehrt. Hierfür stellen wir ein simples und wirksames Hilfsmittel vor. Natürlich könnte man auch mit Eiswürfeln kühlen. Beim Wein ist das unter Kennern nicht wohlgelitten, für Cocktails dagegen gehört das dazu. Bei dieser Gelegenheit machen wir die Entdeckung, dass Eiswürfel mal schwimmen und mal untergehen und ziehen unsere Schlüsse daraus. Und wenn wir schon bei Cocktails sind: Einen Weinbrand kennen wir natürlich und wissen auch, wie er durch Destillieren hergestellt wurde. Aber der „Brand" gelingt auch ganz ohne Hitze, nämlich bei richtig tiefen Temperaturen.

Frappieren oder Chambrieren?

Kennen Sie nicht? Machen Sie sich nichts daraus, das gehört schon ganz klar zum Insiderwissen. Unter *Frappieren* verstehen insbesondere die französischen Weinfreunde das schnelle Kühlen eines zu warmen Weißweins. Wohingegen man durch *Chambrieren* einen unterkühlten Rotwein zu erwärmen versucht. Überhaupt scheint es ja einfach zu sein: Weißwein gehört in den Kühlschrank und Rotwein kommt bei Zimmertemperatur auf den Tisch. Leider stimmt das nicht so ganz und einfach

© Der/die Autor(en), exklusiv lizenziert an Springer-Verlag GmbH, DE, ein Teil von Springer Nature 2022
L. Kasper und P. Vogt, *Physik mit Barrique,* https://doi.org/10.1007/978-3-662-62888-1_6

ist es auch nicht! Zum einen sind Weiß- und Rotweine jeweils noch zu differenzieren und zum anderen gibt es auch noch Schaumweine und andere „Spezialisten" wie z. B. Eisweine. Im Folgenden soll es auch nur um die richtige Servier- bzw. Trinktemperatur gehen. Es ist klar, dass die Lagertemperatur einen außerordentlichen Einfluss auf die Reifung und die späteren Aromen des Weins hat. Nur haben wir das meistens nicht in der Hand und müssen hierbei auf die Winzerbetriebe und Händler unseres Vertrauens setzen. Wohl aber haben wir es in der Hand, unseren Gästen (und auch uns selbst) einen wohltemperierten Wein auf den Tisch zu stellen. Eine schnelle Orientierung bietet die nachfolgende Übersicht der von Weinfreunden empfohlenen Trinktemperaturen verschiedener Weinarten (Tab. 6.1).

Dabei kann diese Übersicht nur eine erste Orientierung geben. Hier ist vor allem auch der individuelle Gaumen gefragt und es sind schließlich keine so schlechten „Lehrjahre", in denen man die eigenen Erfahrungen machen kann.

Experiment 30: „Ökokühlschrank" für eine Weinflasche

Nehmen wir einmal folgende Situation an: Ein sommerliches Picknick in der Natur steht an und ein leichter fruchtiger Weißwein soll unbedingt dabei sein. Nach der Empfehlung in Tab. 6.1 sollte der Wein dann am besten bei einer Temperatur von 8 bis 10 °C genossen werden. Bevor es losgeht, wird die Flasche dem Kühlschrank bei ungefähr 6 °C entnommen. Natürlich freuen wir uns über echte, d. h. warme Sommertage, der Wein aber leidet dann.

Linderung schafft hier ein ganz einfach konzipierter Weinkühler. Er besteht aus purem Ton und ist – das ist wichtig – nicht glasiert! Denn wäre

Tab. 6.1 Optimale Trinktemperaturen verschiedener Weinarten (vgl. www.weinfreunde.de)

Schaumweine (Sekt, Prosecco, einfacher Champagner)	5–7 °C
Jahrgangschampagner	8–10 °C
leichte Weißweine (z. B. Riesling)	8–10 °C
körperreiche weiße Süßweine (z. B. Eiswein)	8–12 °C
körperreichere Weißweine (z. B. Grauburgunder)	10–12 °C
körperreiche Weißweine (z. B. im Barrique ausgebauter Chardonnay)	12–14 °C
leichte Rotweine (z. B. Beaujolais)	12–14 °C
mittelkräftige Rotweine (z. B. Chianti Classico)	14–17 °C
tanninhaltige und ältere Rotweine (z. B. Barolo)	15–18 °C

er glasiert, sähe er möglicherweise etwas interessanter aus, aber er taugte nur halb so viel für den eigentlichen Zweck.

Der Clou ist, dass der Kühler vor seinem Einsatz ein ausgiebiges Wasserbad bekommt. Er soll sich ordentlich vollsaugen mit Wasser. Steht er dann an der frischen Luft, beginnt das Wasser an der Oberfläche des Kühlers zu verdunsten. Eine leichte Brise begünstigt den Effekt dabei noch. Physikalisch bedeutet das Verdunsten die Abgabe von Energie an die Umgebung der Oberfläche (vgl. *Verdampfungswärme* im Infokasten). Dieser Energieverlust macht sich als Abkühlung des Köpers bemerkbar, der das Wasser abgibt, also die Wände des Tongefäßes. Man spürt recht schnell, dass die Kühlung „anspringt", wenn man die Hand auf die Tonoberfläche legt. Damit bleibt auch die Luft zwischen der Flasche und der Tonwand kälter und verringert so die Wärmeabgabe der Flasche. Je mehr Wasser ein solcher Tonkühler aufgenommen hat, desto länger hält seine Kühlfunktion an. Damit ist auch klar, dass der dekorativ glasierte Weinkühler hier keine gute Figur macht.

Welchen Effekt kann man mit solch einem Kühler eigentlich erwarten? Wir haben in einem Experiment das Erwärmungsverhalten zweier identischer Flaschen mit gleicher Füllmenge und Ausgangstemperatur verglichen. Den Aufbau der Messung zeigt Abb. 6.1. Eine der Flaschen steht dabei in einem zuvor gewässerten Tonkühler, die andere steht „nackt" da. Beide Flaschen enthalten 0,75 l Wasser von Kühlschranktemperatur (6 °C). In beiden Flaschen steckt ein Digitalthermometer, dessen Fühler jeweils in die Mitte der Flaschen ragen. Die Umgebungstemperatur im Labor betrug 22 °C.

Wir haben die Messung für 90 min laufen lassen. Das Ergebnis wird in Abb. 6.2 illustriert. Wenn auch der Effekt nicht überragend aussieht, ist es doch so, dass der als optimal empfohlene Temperaturbereich von 8 bis 10 °C in der ungekühlten Flasche nach 30 min bereits verlassen wurde, während die Flasche im Kühler noch doppelt so lange wohltemperiert bleibt. Die 12-Grad-Marke wird ohne Kühlung nach einer Stunde erreicht, mit Kühlung wird sie innerhalb der Messzeit überhaupt nicht überschritten.

Ein Einsatz im Freien mit vielleicht etwas Wind und bei einer höheren Außentemperatur würde das Laborergebnis sogar noch verbessern. Und ökologisch ist diese Art der Kühlung ohnehin. Sie können das übrigens im Sommer auf Ihrer Terrasse schnell experimentell nachvollziehen. Auch wenn Ihr Kühlschrank einmal ausfallen sollte, nehmen Sie am besten einen großen Tonblumentopf und wässern Sie diesen reichlich. Mit einer Abdeckung darauf können Sie verderbliche Lebensmittel länger aufbewahren als ohne Kühlung.

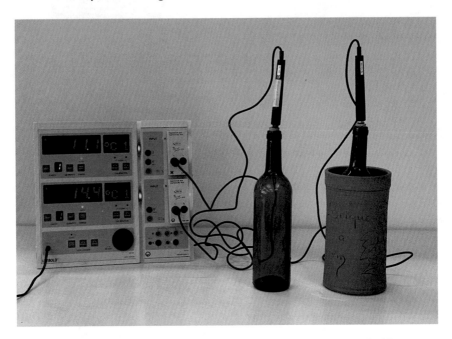

Abb. 6.1   Vergleichsmessung zur Effektivität eines einfachen Tonweinkühlers

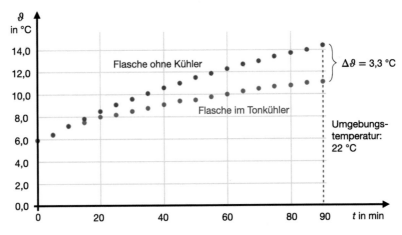

Abb. 6.2   Ergebnis der Messung: Der Weinkühler tut seinen Dienst!

Auch wir Menschen regeln unsere Körpertemperatur auf diese Weise, wenn sie bei Anstrengung oder im Fall von Infekten zu steigen beginnt. Wir schwitzen dann und geben mit dem Verdunsten der Flüssigkeit Energie an die Umgebung ab und in der Folge sinkt unsere Körpertemperatur.

Verdampfungswärme

Im Molekülbild besteht eine Flüssigkeit aus einem Verbund von Molekülen, die zwar leicht gegeneinander verschiebbar sind, die aber durch Anziehungskräfte (Kohäsionskräfte) aneinander gebunden sind. Beim Verdunsten treten einzelne Moleküle aus diesem Verbund aus und müssen dabei Arbeit gegen die Anziehungskräfte verrichten. Nur die jeweils schnellsten Moleküle verfügen über die dafür notwendige Energie. Daraus ergibt sich für die verbleibenden Moleküle eine Erniedrigung der mittleren Molekülgeschwindigkeit und damit der Temperatur. Die Flüssigkeit kühlt sich in der Folge ab. Dieser Energieverlust ist stoffabhängig. Wird er auf ein Kilogramm der Flüssigkeit bezogen, heißt er *spezifische Verdampfungswärme* Q_V. Für Wasser beträgt beispielsweise die spezifische Verdampfungswärme 2253 kJ/kg (bei der Siedetemperatur $T_S = 373{,}2$ K), beim Ethanol sind es 844 kJ/kg (bei der Siedetemperatur $T_S = 351{,}6$ K).

Die der Flüssigkeit durch Verdampfen einer Masse *m* entzogene Energie ergibt sich damit als:

$$\Delta E = Q_V \cdot m$$

Im Unterschied zum *Verdampfen*, erfolgt beim *Verdunsten* der Übergang vom flüssigen in den gasförmigen Aggregatzustand unterhalb der Siedetemperatur einer Flüssigkeit.

Experiment 31: Weincocktail on the Rocks oder: Läuft der Hugo jetzt über?

Wie streng sind Sie beim Thema „Eiswürfel im Wein" eigentlich? Für die einen ist es ein natürliches Bedürfnis im Sommer, von anderen wird dafür auch schon einmal das Urteil der „Ketzerei" gefällt. Wie in vielen Fällen raten wir auch hier vom Schwarz-Weiß-Denken ab. Schließlich gilt: Wenn es schmeckt, soll es auch erlaubt sein. An dieser Stelle kann noch der Tipp gegeben werden, anstelle von Eiswürfeln im Sommer ein paar Weinbeeren im Tiefkühlfach bereitzuhalten, um damit den Wein zu kühlen.

Unbestritten mehrheitsfähig ist dagegen die Verwendung von Eiswürfeln in Weincocktails. Großer Beliebtheit erfreuen sich als deren Vertreter die spanische *Sangria* oder auch der im deutschsprachigen Raum verbreitete *Hugo*. Ein einfaches Grundrezept für den letztgenannten Cocktail lautet:

15 cl Prosecco, 2 cl Zitronenmelissesirup, einen Spritzer Soda und Eiswürfel in einem Weinglas verrühren; optional: ein Minzezweig, eine Zitronenscheibe.

Nun geben Sie sich alle Mühe mit diesem Rezept oder einer kreativen Eigen-entwicklung und servieren Ihren Gästen die Cocktails. Dabei haben Sie es nicht nur beim Mixen gut gemeint, sondern auch beim Einschenken. Die Gläser sind randvoll geraten und zusätzlich ragen die Eiswürfel noch deutlich über den Pegel hinaus. Wenn nun die Unterhaltung am Tisch so spannend ist, dass die Cocktails zunächst noch etwas stehen bleiben, dann wird unweigerlich das Eis schmelzen. Und dann? Wird der Hugo über-laufen?

Schauen wir uns den Vorgang vor der nächsten Party zunächst unter Laborbedingungen genauer an. Dabei kann uns Wasser als „Cocktailmodell" genügen, es macht ohnehin etwa 90 % des richtigen Cocktails aus. Mit dem Eis werden wir es ein wenig übertreiben, um die Auswirkungen deutlich zu sehen. Der Schmelzvorgang in diesem Experiment ist in seiner zeitlichen Entwicklung in Abb. 6.3 gezeigt.

Das abgebildete Glas ist exakt randvoll mit Wasser gefüllt, zusätz-lich überragt der anfänglich recht große Eisklumpen den Glasrand um ein paar Millimeter. Wir sehen, dass – obwohl mehr und mehr Eis schmilzt – der Wasserpegel im Glas erhalten bleibt. Auch nach dem vollständigen Abschmelzen stimmt der Wasserspiegel unverändert genau mit dem Glas-rand überein. Im Ernstfall wäre somit das Tischtuch bei der Party gerettet, sofern die Gäste eine ruhige Hand haben. Aber wie kommt es eigentlich zu diesem konstanten Füllstand?

Für die Erklärung benötigen wir das archimedische Prinzip (vgl. Info-kasten Experiment 46): Die Auftriebskraft auf einen in eine Flüssigkeit (oder in ein Gas) eingetauchten Körper entspricht der Gewichtskraft der von diesem Körper verdrängten Flüssigkeit (bzw. des verdrängten Gases). In unserem Fall ist der Körper ein Eisblock, der in Wasser eintaucht. Dass Eis auf flüssigem Wasser schwimmt, liegt an seiner geringfügig geringeren Dichte

Abb. 6.3 Ablauf des Schmelzvorgangs eines überstehenden Eisklumpens in einem randvoll gefüllten Glas

(mehr dazu im Infokasten), d. h., ein bestimmtes Volumen Wasser hat ein höheres Gewicht als das gleiche Volumen Eis. Daher schwimmt Eis an der Oberfläche, taucht dabei aber nicht vollständig ein, sondern nur zu etwa 90 %. Ist das Eis vollständig geschmolzen, so hat sein Schmelzwasser die gleiche Dichte wie das bereits vorhandene Wasser und nimmt somit genau das Volumen ein, das zuvor von dem Eiswürfel verdrängt wurde. Folglich bleibt der Flüssigkeitspegel gleich.

Dichteanomalie des Wassers

Bei den meisten uns bekannten Stoffen erhöht sich die Dichte mit sinkender Temperatur, sie „ziehen sich zusammen" bei Abkühlung. Nicht so beim Wasser. Das hat seine größte Dichte bei der Temperatur von 4 °C. Das heißt, bei Abkühlung von einer höheren Temperatur auf 4 °C verhält sich Wasser „normal". Bei weiterer Abkühlung dehnt es sich jedoch wieder aus. (Deshalb: Kein Bier ins Eisfach legen!)

Weil dieses Verhalten des Wassers von dem der allermeisten Stoffe abweicht, wird es als *Dichteanomalie des Wassers* bezeichnet. Im Molekülbild kann das mit der stetigen temperaturabhängigen Umordnung der Wassermoleküle erklärt werden. Bei einer Temperatur von 4 °C nehmen die über Wasserstoffbrückenbindungen verketteten Wassermoleküle das geringste Volumen ein.

Da wir hier gerade von Cocktails mit Eis sprechen: Beim Hugo schwimmt das Eis im Glas an der Oberfläche. Vorsicht ist geboten, wenn Sie einen Cocktail bestellen und dann sehen, dass das Eis auf den Grund des Glases gesunken ist. Wann ist das der Fall?

Eine Idee wäre schweres Wasser. Eiswürfel aus diesem Wasser würden auch in einem alkoholfreien Cocktail sinken. Aber das wollen wir nicht trinken! Wenn wir den Einfluss von gelöstem Zucker hier einmal außer Acht lassen, muss also gelten, dass die Dichte des Eises größer ist als die mittlere Dichte des Cocktails, der im Wesentlichen aus den Komponenten Wasser und Ethanol besteht: $\rho_{Eis} > \rho_{Cocktail}$. Seien die Dichten

$$\rho_{Eis} = 0{,}918 \, \frac{g}{cm^3}, \quad \rho_{Ethanol} = 0{,}789 \, \frac{g}{cm^3}, \text{ und } \rho_{Wasser} = 0{,}998 \, \frac{g}{cm^3}.$$

Offensichtlich ist der Cocktail also so stark gemixt, dass seine Dichte kleiner ist als die der Eiswürfel. Wie viel Volumenprozent Alkohol muss der Cocktail dafür mindestens haben? Für eine Abschätzung machen wir den folgenden Ansatz:

$$\rho_{Eis} > \rho_{Cocktail} = x \cdot \rho_{Ethanol} + (1 - x) \cdot \rho_{Wasser}$$

Abb. 6.4 Eiswürfel sinkt in Rum mit 80 Vol.-% (a), Eiswürfel schwimmt in Korn mit 28 Vol.-% (b)

(*x*: Anteil an Ethanol, der zwischen 0 und 1 liegt). Auflösen nach *x* und Einsetzen der Zahlenwerte führt auf einen Alkoholgehalt des Cocktails von mindestens 42 %. Sollten Ihre Eiswürfel mal zu Boden sinken, haben Sie in Ihrem Glas also streng genommen keinen Cocktail, sondern höchstwahrscheinlich puren Schnaps (Abb. 6.4)!

Ein Digestif? Selbst gefroren!

Experiment 32: „Gefrierbrand"

Nach dem Weincocktail on the Rocks wird es bei diesem Experiment noch etwas kälter und ebenfalls hochprozentig. Im Anschluss an das Abendessen ist nämlich die Verdauung anzuregen, d. h., es wird Zeit für einen Digestif! Um beim Thema „Wein" zu bleiben, schlagen wir Ihnen hierfür einen Wein- oder Tresterbrand vor – z. B. einen Cognac, einen Armagnac oder einen Grappa. Wie der Beiname „Brand" unschwer erkennen lässt, werden diese Verdauerli bzw. Schnäpse im Allgemeinen durch Heißdestillation gewonnen. Dabei erhitzt man ein alkoholhaltiges Ausgangsprodukt, meist eine mehrere Wochen zuvor mit Trockenhefe angesetzte Maische. Das Verfahren beruht auf den unterschiedlichen Siedetemperaturen von Alkohol (für Ethanol 78 °C) und Wasser (100 °C). Aufgrund des geringeren Siedepunkts von Alkohol verdampft dieser früher – der Dampf wird einem Kondensator zugeführt, gekühlt und verflüssigt. Meist erfolgen mit dem so erhaltenen Alkohol noch ein oder sogar zwei weitere Brenndurchläufe.

Die Trennung von Alkohol und Wasser kann jedoch nicht nur durch Erhitzen erreicht werden, sondern auch durch Herunterkühlen des Ausgangsprodukts. Ja, Sie haben richtig gelesen, Sie können mit Ihrem Gefrierschrank tatsächlich einen eigenen Schnaps herstellen und unserer Recherche nach gibt es auch kein Gesetz, das Ihnen das „Schnapsgefrieren" verbietet – eine Garantie, dass nicht aber doch einmal das Finanzamt an Ihrer Tür klingelt, geben wir Ihnen jedoch nicht!

Das Vorgehen ist jedenfalls denkbar einfach und wurde bereits auf ähnliche Weise in dem Buch *Unglaublich einfach. Einfach unglaublich: Physik für jeden Tag* von *Werner Gruber* beschrieben: Sie füllen eine Flasche Wein in eine PET-Flasche und legen diese in den Gefrierschrank (Abb. 6.5). Beim Gefrieren dehnt sich der Wein etwas aus, weshalb die Flasche nicht vollständig befüllt werden sollte. Da der Gefrierpunkt von Ethanol bei −114 °C und somit weit unterhalb der Gefrierschranktemperatur liegt (ca. −18 °C), gefriert zwar das Wasser vollständig aus, ein kleiner Teil des Ethanols bleibt jedoch flüssig und kann am nächsten Tag abgegossen werden. Am besten

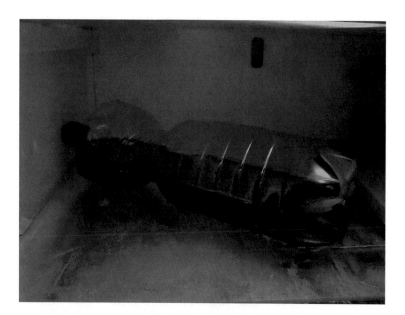

Abb. 6.5 Mit Wein befüllte PET-Flasche in Gefrierfach

Abb. 6.6 Abgießen des Ethanols und Auftauen eines Teils des gefrorenen Weins

stellen Sie die Flasche geöffnet und kopfüber in ein Gefäß und tauen ungefähr ein Fünftel der Ausgangsmenge zusätzlich ab (Abb. 6.6).

Abb. 6.7 zeigt eine Messung des Alkoholgehalts des ursprünglichen Weins (14 Vol.-%) und des erhaltenen „Gefrierbrands" (20,5 Vol.-%). Zugegeben, es ist noch kein richtiger Schnaps mit 40 Vol.-%, jedoch ist der Effekt

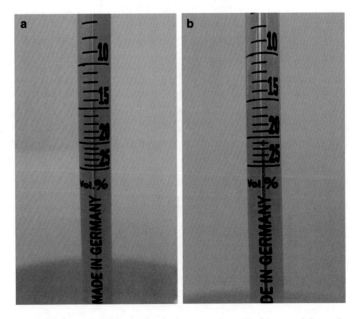

Abb. 6.7 Bestimmung des Alkoholgehalts vor dem Gefrieren (**a**) und nach dem Abgießen (**b**) mittels Vinometer

deutlich erkennbar und wie beim tatsächlichen Schnapsbrennen könnten Sie den Vorgang mit dem erhaltenen „Traubenlikör" nochmals wiederholen.

Nach zahlreichen Tests müssen wir jedoch gestehen, dass die erzielbare Qualität auch nach verschiedenen Veredelungsversuchen nicht überzeugen konnte. Wir möchten Ihnen also raten, auch weiterhin eher bei Ihrem bevorzugten Wein- oder Tresterbrand zu bleiben.

Aus physikalischer Sicht, ist der „Selbstgefrorene" aber interessant und wenn Sie ihn doch mal testen möchten, so achten Sie unbedingt auf folgenden Hinweis: Da bei dem vorgestellten Verfahren die verschiedenen Alkohole nicht voneinander getrennt werden, würde beim Einsatz von Maische auch gefährliches Methanol in Ihren Schnaps gelangen. Verwenden Sie zur Gefrierung daher ausschließlich hochwertigen Wein oder Bier und keinesfalls Maische!

Funktionsweise eines Vinometers

Zur Bestimmung des Alkoholgehalts eines Wasser-Alkohol-Gemisches kann ein Vinometer Verwendung finden (Abb. 6.8). Der Messbereich reicht dabei meist von 0 bis 25 Vol.-%, die Messgenauigkeit liegt bei $\pm 0,5$ Vol.-%. Für die Messung füllt man etwas Wein in den Trichter des Vinometers ein und vergewissert sich, dass das Kapillarrohr vollständig befüllt ist. Gegebenenfalls kann mit dem Mund leicht in den Trichter gepustet werden, bis ein bis zwei Tropfen der zu untersuchenden Flüssigkeit die gegenüberliegende Seite des Kapillarrohrs verlassen. Nun wird das Messinstrument umgedreht und abgestellt.

Unter Einfluss der auf die Flüssigkeitssäule wirkenden Gravitationskraft sinkt der Pegel kontinuierlich. Ändert sich die Steighöhe nicht mehr, so kann der Alkoholgehalt des Weins an der aufgedruckten Skala abgelesen werden.

Die Funktionsweise des Vinometers beruht einerseits auf der Oberflächenspannung des Weins infolge wirkender Kohäsionskräfte und andererseits auf der Grenzflächenspannung zwischen Wein und Glas aufgrund der Adhäsion (vgl. Infokasten des Experiments 39). Beides zusammen führt dazu, dass die Flüssigkeitssäule bei der sogenannten *kapillaren Steighöhe h* nicht weiter absinkt. Mit der Oberflächenspannung σ, dem Kontaktwinkel θ (Abb. 6.9), der Flüssigkeitsdichte ρ, der Erdbeschleunigung g und dem Röhrenradius r kann die kapillare Steighöhe mit folgender Beziehung abgeschätzt werden:

$$h = \frac{2\sigma\cos\theta}{\rho g r}$$

Die Ermittlung des Alkoholgehalts über die kapillare Steighöhe ist möglich, da die Oberflächenspannung von Alkohol kleiner ist als die von Wasser. Je mehr Alkohol der Wein enthält, desto geringer ist somit seine kapillare Steighöhe. Allerdings hängt die Oberflächenspannung auch vom Zuckergehalt der Flüssigkeit ab, weshalb das Vinometer ausschließlich für trocken ausgebaute Weine ohne Restsüße ein genaues Messergebnis liefert. Die Oberflächenspannung nimmt mit dem Zuckergehalt zu, d. h., bei halbtrockenen und lieblichen Weinen würde eine Vinometermessung einen zu hohen Alkoholgehalt ergeben.

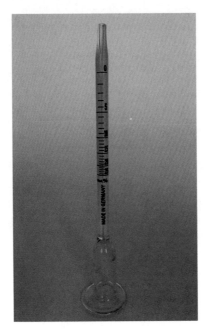

Abb. 6.8   Bestimmung des Alkoholgehalts mittels Vinometer

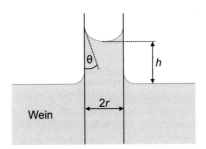

Abb. 6.9   Kapillare Steighöhe und Kontaktwinkel

7

Zaubertricks und Wundersames: Akrobatische Mechanik

Dieses Kapitel offeriert einen bunten Strauß von physikalischen Ideen am Partytisch. Allerdings starten wir in den ersten Experimenten zunächst mit antiken Erfindungen. Diese erwecken leicht den Eindruck eines erhobenen Zeigefingers und mahnen uns durchaus zum Maßhalten. Dafür entwickelten die alten Meister Automaten, die eine strenge Zuteilung aus Weinkrügen ermöglichen oder auch das Mischen von Wein und Wasser regelten. Passend dazu stellen wir Ihnen intelligente Gläser vor, die in der Lage sind, denjenigen – und nur denjenigen, die beim Einschenken über die Stränge schlagen, allen bereits im Glas befindlichen Wein wieder zu entziehen. Deutlich versöhnlich klingt dann wieder ein Automat, der uns Wasser in Wein zu verwandeln vermag.

Nach unserer „Antikenabteilung" können Sie sich auf etwas gefasst machen! Es folgt eine Reihe von Experimenten, die am besten unter dem Stichwort „Partytricks" zusammengefasst werden können. Im physikalischen Sinn geht es dabei um teils spektakuläre Anwendungen der Mechanik: von kleineren „Schwerpunktzaubereien" bis zu Vorführungen, mit denen Sie Ihre Gäste beim nächsten Mal beeindrucken werden.

Die Originalversion dieses Kapitels wurde revidiert. Ein Erratum ist verfügbar unter
https://doi.org/10.1007/978-3-662-62888-1_9

Antike Ingenieure – Wasser zu Wein oder Genügsamkeit?

Das möchte wohl niemand von uns erleben: Liebe Gäste sind unverhofft zu Besuch gekommen und das Weinregal ist leer! Dann hilft eigentlich nur noch ein wundersamer Automat, der uns Wasser zu Wein macht. Diesen Automaten gibt es tatsächlich und erfunden hat ihn neben vielen anderen kuriosen wie auch geistreichen Maschinen der griechische Gelehrte *Heron von Alexandria* (vermutlich 1. Jhdt.). Vor allem in seinen Werken *Pneumatika* und *Automata* zeigt Heron sich als trefflicher Ingenieur. So gehen auf ihn das selbsttätige Öffnen einer Tempelpforte nach dem Entzünden eines Opferfeuers sowie der früheste Vorläufer der erst eineinhalb Jahrtausende später entwickelten Dampfmaschinen zurück. Wenngleich *Ernst Mach* (1838–1916) in seinem Buch *Die Mechanik in ihrer Entwicklung* Heron mit seinen vor allem publikumswirksamen Erfindungen die Wissenschaftlichkeit abspricht, können doch die reichhaltigen Beiträge zur Mechanik und ihr außerordentlicher Einfluss auf Verbreitung und Weiterentwicklung der Wissenschaft nicht in Abrede gestellt werden.

Ganz offensichtlich war *Heron* auch ein Freund des Weines. Eine ganze Reihe von genialen Erfindungen widmet sich dem Umgang mit dem Rebensaft: das Einschenken von Wein mit verschiedenen automatischen Füllmengenbegrenzungen, das wahlweise Einschenken von verschiedenen Weinsorten oder auch Wasser aus dem gleichen Gefäß, das automatische Mischen von Wasser und Wein in beliebigen Verhältnissen, das Füllen von Weingläsern aus einem Krug, der nie leer wird oder – und das führt uns wieder auf das Ausgangsproblem zurück – die Umwandlung von Wasser in Wein. Dieses kleine Wunder wird mit einem der verschiedenen Weinautomaten von *Heron* erreicht, dem wir im nachfolgenden Experiment auf den Grund gehen werden.

Experiment 33: Herons Weinautomat

Der hier vorgestellte Automat ist eine von verschiedenen Varianten, die auf *Heron von Alexandria* zurückgehen. Er ist in der Lage, eine Flüssigkeit in eine andere „umzuwandeln". In unserem Fall wünschen wir uns natürlich, aus Wasser einen Rotwein zu erhalten. Dem Automaten ist es übrigens gleichgültig, er kann es auch andersherum …

Wie aber stellt er es an? Abb. 7.1a zeigt das Prinzip des Weinautomaten. Möchte man Wasser zu Wein verwandeln, bereitet man den Automaten

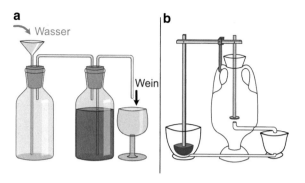

Abb. 7.1 Herons Weinautomat, der Wasser zu Wein verwandelt (**a**); ein Weinkrug, der ein Gefäß automatisch wiederbefüllt (**b**)

so wie abgebildet vor. Ein leerer Behälter ist direkt verbunden mit einem zweiten, der mit der „Zielflüssigkeit" – hier Rotwein – befüllt ist. Weiterhin ist im Korken des leeren Gefäßes ein Röhrchen eingeführt, das zum Befüllen dient und in das Gefäß hineinragt. Dort hinein wird das Wasser gegeben.

Auch in das mit Wein befüllte Gefäß ragt ein u-förmiges Röhrchen, dessen langer Schenkel bis knapp über dem Boden hinab reicht. Der kurze Schenkel des Röhrchens bildet den Ausgießer. Es ist gut darauf zu achten, dass alle Verbindungen luftdicht sind.

Gelangt nun Wasser in das leere Gefäß, so nimmt dieses ein bestimmtes Volumen ein, das zuvor die Luft dort beansprucht hatte. Luftdichte Verbindungen vorausgesetzt, kann die Luft nur über das Verbindungsröhrchen in das Nachbargefäß ausweichen. Aber auch dort sind ja schon Luft und vor allem Rotwein vorhanden. Die Luft selbst kann nicht weiter entweichen. Sie wird geringfügig komprimiert, vor allem aber steigt der Druck. Auch im Rotwein herrscht Druck. Dieser setzt sich aus dem *Schweredruck* p_s der Flüssigkeit in einer gewissen Tiefe und dem über dem Pegel herrschenden Luftdruck p_{Luft} zusammen:

$$p_{Flüssigkeit} = p_s + p_{Luft}$$

Entscheidend für das Aufsteigen des Rotweins im Steigröhrchen ist der Druck am Ort des unteren Endes des Röhrchens. Deshalb ist es wichtig, dass es bis kurz über dem Gefäßboden hineinragt.

Solange der Luftdruck über dem Weinpegel gleich dem atmosphärischen Druck ist, passiert nichts. Im Steigröhrchen steigt der Wein soweit, bis er dem Pegel im Gefäß entspricht.

In dem Moment, in dem Wasser in das andere Gefäß gegeben wird, steigt aber der Luftdruck in dem gesamten Zwei-Flaschen-System. Die Luft kann auch nicht zurück entweichen, da auch das Einfüllröhrchen tief hinab über den Boden des Gefäßes reicht und das eingefüllte Wasser den Rückweg absperrt. Somit steigt also der Druck im Rotwein und treibt die Flüssigkeit im Steigröhrchen nach oben. Wird weiteres Wasser hinzugegeben, dann kann der Wein schließlich die maximale Höhe überwinden und findet seinen Weg über den Ausgießer in das Weinglas.

So schön die Erkundung des Heron'schen Weinautomaten auch ist, sie bringt uns leider auch die Erkenntnis, dass darin nicht die Rettung für den Fall des unverhofften Besuchs liegt. Es wäre auch zu schön gewesen. Wegen der Kompressibilität der Luft wird übrigens nicht exakt die gleiche Menge des eingefüllten Wassers in Wein „verwandelt" – aber nahezu.

Schweredruck in Flüssigkeiten

Als Schweredruck p_s in einer Flüssigkeit ist der Druck in einer bestimmten Tiefe zu verstehen, der sich aus der Gewichtskraft der darüber befindlichen Flüssigkeit ergibt. Stellen gleicher Tiefe weisen den gleichen Schweredruck auf.

Da Flüssigkeiten nahezu inkompressibel sind, kann davon ausgegangen werden, dass für die Dimension des Gefäßes die Dichte ρ nicht von der Höhe abhängt. Dann ergibt sich für den Schweredruck der einfache Ausdruck

$$p_s = \rho \cdot g \cdot \Delta h.$$

Dabei sind g die Erdbeschleunigung und Δh die Tiefe (bzw. die Höhe der Wassersäule über der Stelle, an der der Druck bestimmt wird). Die Zunahme des Schweredrucks für Wasser beträgt in 10 m Tiefe gerade 1 bar und für alle weiteren 10 m jeweils wieder 1 bar.

Abschließend werfen wir noch einen kurzen Blick auf eine weitere „Weinerfindung" von *Heron*. Dabei handelt es sich um eine Vorrichtung, die in einem Gefäß gerade so viel Wein automatisch nachfüllt, wie ihm zuvor entnommen wurde.

In Abb. 7.1b denken wir uns die große Amphore mit Wein gefüllt. In der dargestellten Situation sind die beiden Gefäße links und rechts noch leer, der Zulauf zum Ausgießer in der Amphore ist jedoch geöffnet. Das rechte Gefäß wird also befüllt und damit auch das linke Gefäß, da beide über ein Röhrchen miteinander verbunden sind. Während sich also die Gefäße füllen, steigt der im linken Gefäß angebrachte Schwimmer nach oben. Über einen Hebelmechanismus senkt sich dann der innere Verschluss des Zulaufs zum Ausgießer in der Amphore. Bei einer bestimmten Füllmenge der Gefäße wird der Zulauf dicht verschlossen.

Entnimmt man nun dem rechten Gefäß durch Abschöpfen eine bestimmte Menge Wein, dann senkt sich der Schwimmer links und der Verschluss in der Amphore hebt sich. In der Folge lässt der Ausgießer gerade so viel wieder in die Gefäße laufen, wie ihnen zuvor entnommen wurde, bis er wieder verschlossen wird.

Mit der automatischen Regulierung einer bestimmten Weinmenge hat auch unser nächstes Experiment zu tun. Nur ist es noch deutlich moralisierender als die Erfindung von *Heron* …

Experiment 34: Mit Pythagoras zur Genügsamkeit

Wie können ein Weinglas und Genügsamkeit zusammenpassen? Mit dem Trinkgefäß, das jetzt im Mittelpunkt unserer Aufmerksamkeit steht, gelingt diese Verbindung tatsächlich. Nicht, dass das Glas etwa besonders klein ausfiele. Das wäre zu einfach. Vielmehr stecken physikalischer Scharfsinn, eine schalkhafte Schläue und ein erhobener Zeigefinger gleichzeitig in diesem Gefäß.

Passenderweise wird diese hydrodynamische Erfindung *Pythagoras von Samos* (um 570 bis 480 v. Chr.) zugeschrieben, dem selbst asketische Züge und eine vegetarische Ernährung nachgesagt werden. Zwar ist kaum gesichertes Wissen über ihn als Person überliefert, aber es ranken sich viele Mythen um diesen Meister und Gründer einer Denkschule. So wird berichtet, dass *Pythagoras* um die Tischsitten einiger von ihm beauftragter Handwerker besorgt war und dabei mithilfe eines sonderbaren Bechers nachgeholfen hat. Genau zu diesem Zweck nämlich nutzte er hydrodynamische Gesetzmäßigkeiten zur Konstruktion eines besonderen Mechanismus im Becher, den wir uns im nächsten Experiment genauer ansehen.

Das zur Ehre seines Erfinders als *Pythagoreischer Becher* bezeichnete Gefäß hatte eine garstige Eigenschaft. Er verhielt sich „normal", so lange man nicht danach verlangte, so viel wie möglich einzufüllen. Das heißt, bei angemessener Füllhöhe ließ sich der Becher nutzen, wie man es eben erwarten kann. Doch wehe, jemand begehrte mehr als seine Tischgenossen und hielt den Becher zu lange zum Einschenken hin. Plötzlich schien der Becher nicht mehr dicht zu sein. Er ergoss sich über dem Schoß des ratlosen

Durstigen und hörte damit erst auf, als nichts mehr darin enthalten war. *Becher der Gerechtigkeit* wird dieses Trinkgefäß deswegen auch genannt.

Als eine weitere Bezeichnung kursiert auch *Tantalos-Becher*. Auch dieser Name deutet auf Bestrafung eines Fehlverhaltens hin. *Tantalos* (lat.: *Tantalus*) wurde sehr hart bestraft, er erlitt die höllischen Tantalos-Qualen nachdem er an der göttlichen Tafel, zu der er geladen war, Diebstahl beging. Es kam aber noch viel schlimmer. Er stellte die Allmacht der Unsterblichen, als diese einmal bei ihm zu Gast waren, auf eine grauenhafte Probe, indem er ihnen seinen eigenen jüngsten Sohn in verdeckter Weise als Mahl auftragen ließ. Natürlich bemerkten die Götter das Ungeheuerliche und ließen *Tantalos* für diesen Frevel ebenso grausam büßen. In den tiefsten Tiefen des Hades verbannt, fand sich *Tantalos* im Wasser stehend und konnte seinen Durst doch nicht stillen. Immer, wenn er lechzend und dürstend den Kopf hinabsenkte, verschwand das Wasser. Dicht über ihm dagegen hingen die herrlichsten fruchtbeladenen Zweige, die sich, kaum dass er nach ihnen zu greifen begann, in unerreichbare Höhen bewegten.

Auch wenn dieses für *Tantalos* nur einen Teil der auferlegten Strafe und des Fluches der Götter ausmachte, kann man es kurz zusammenfassen: Zu viel gewollt und alles verloren! Damit sind wir wieder bei dem weitaus harmloseren Trinkgefäß mit seiner Keramik oder Glas gewordenen Warnung: Fülle mich bis zum Rand und du wirst keinen Tropfen mehr haben …

Es gibt Pythagoreische Becher als touristisches Souvenir auf der Insel Samos zu kaufen. Schauen wir uns einen solchen Becher genau an. Wenngleich der in dessen Mitte heraufragende zylinderförmige Wulst Verdacht erregt, gibt dieser Keramikbecher sein Inneres nicht preis. Diese Becher werden aber auch von einigen Glasbläsereien und Laborglasherstellern angeboten und gewähren in dieser Form Einblick in ihre Konstruktion (Abb. 7.2a).

Die technischen Ausführungen der Tantalos-Becher können variieren, das Grundprinzip ist jedoch immer das Gleiche. Betrachten wir die Variante des Glases im Foto der Abb. 7.2a. Die Schemadarstellung daneben zeigt in der Achse des Glases als Verlängerung seines Stiels ein doppelwandiges Glasröhrchen. Dieses Röhrchen weist an seiner Außenseite nahe am Glasboden eine Öffnung auf. Wird nun Wein eingeschenkt, dann füllt sich der äußere Teil des Röhrchens mit dem gleichen Pegel wie der Inhalt des Weinglases. Dies geschieht in Übereinstimmung mit dem in der Physik so bezeichneten *Prinzip der kommunizierenden Röhren*. Nach unten ist der äußere Teil des Röhrchens vom Glasboden begrenzt. Sein innerer Teil stellt selbst wieder ein

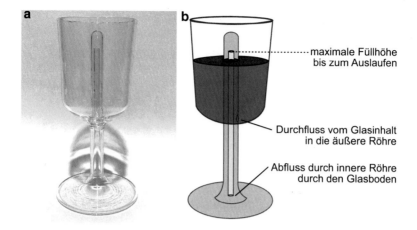

Abb. 7.2   Foto (a) und Schema (b) eines Tantalus- bzw. Pythagoreischen Bechers

Röhrchen dar, welches durch den Glasboden verläuft und sowohl oben als auch unten am Fuß des Glases geöffnet ist.

Beim Einschenken des Weines steigen somit die Flüssigkeitspegel im Glas und im äußeren Teil des Röhrchens in gleicher Weise. Solange das obere Ende des Röhrchens nicht erreicht wird, verbleibt der Wein auch im Glas. Nach dem Überschreiten der kritischen Höhe jedoch läuft das Glas unwiderruflich aus und entleert sich nahezu vollständig. Dabei ist es einigermaßen erstaunlich, dass die Flüssigkeit im Röhrchen offensichtlich „bergauf" läuft. Wie ist das möglich?

Dieses überraschende Verhalten ist mit dem Prinzip eines *hydraulischen Saughebers* zu erklären (Abb. 7.3a). Die Strömung im Rohr wird durch die Gravitationswirkung auf die Flüssigkeit angetrieben. Auf der Raumstation ISS verlöre der Pythagoras-Becher seine erzieherische Wirkung! Aus der vorausgesetzten Gravitationswirkung ergibt sich die potenzielle Energie der Flüssigkeit als wesentlich für das Verständnis des Heberprinzips.

Beruhigend ist zunächst die Erkenntnis, dass während des Auslaufens vom höheren in das niedrigere Gefäß der Massenschwerpunkt der als Ganzes betrachteten Flüssigkeit sinkt. Durch das „Bergauflaufen" im kürzeren Rohrstück des Hebers von der Pegelhöhe h_0 bis zur maximalen Höhe des Rohrbogens wird also der Energieerhaltungssatz nicht verletzt. Die zum Heben in diesem Rohrstück erforderliche Energie entspricht der im abfallenden Rohrstück von der maximalen Höhe im Rohrbogen bis wieder zur Pegelhöhe h_0 „gewonnenen" Energie. Entscheidend wird somit das Rohrstück, in dem die Flüssigkeit die Höhendifferenz $\Delta h = h_{\text{oben}} - h_{\text{unten}}$ durchläuft. Wenn das Ende des langen Rohrs in die Flüssigkeit des

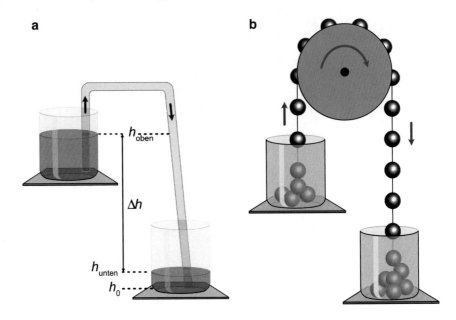

Abb. 7.3 Prinzip des hydraulischen Saughebers (**a**) und Ketten-Analogie (**b**)

unteren Gefäßes eintaucht, muss noch der Schweredruck der Flüssigkeit berücksichtigt werden, der sich aus dem wachsenden Pegel mit der Höhe $h_{unten} - h_0$ ergibt.

Ganz ähnlich wie die Flüssigkeit im Saugheber verhält sich eine Kugelkette, wie sie in der Analogie in Abb. 7.3b dargestellt ist. Man wundert sich nicht darüber, dass die Kugeln nicht auseinandergerissen werden, sie werden ja durch den Faden zusammengehalten. Wenden wir uns aber wieder der Flüssigkeit zu, kann man sich schon wundern, dass diese im oberen Rohrbogen nicht auseinanderreißt. Immerhin ziehen beide Flüssigkeitssäulen mit der jeweiligen Schwerkraft in entgegengesetzte Richtungen. Was ist also der „unsichtbare Faden", der den Zusammenhalt der Flüssigkeit im Rohr bewirkt? Dieser ergibt sich aus dem Druck an den beiden Enden des Rohres. Im Wesentlichen ist das der äußere Luftdruck. Dieser verhindert, dass die Flüssigkeit reißt und sich an der „Rissstelle" ein Vakuum bzw. eine Dampfblase ergibt.

Die Höhe des Rohrbogens spielte in unseren Betrachtungen keine Rolle. Für den Tantalos-Becher ist diese auch begrenzt auf die Höhe des Bechers. Dennoch ist es eine physikalisch interessante Frage, wie hoch sich eigentlich dieser Bogen konstruieren ließe. Die Schwerkraftwirkungen der Flüssigkeit in beiden Rohrstücken oberhalb der Pegelhöhe h_{oben} heben sich ja gegenseitig auf. Mathematisch gesehen wäre es also egal, wie hoch der Rohrbogen ist. Die Physik setzt hier allerdings eine Grenze. Wenn der Wert des begrenzenden Luftdrucks durch einen Schweredruck $p_s = \rho g h_{max}$ der Flüssigkeit bei einer maximalen Höhe h_{max} des Rohrbogens erreicht wird, dann reißt die Flüssigkeit tatsächlich auf, indem sie Dampfblasen bildet. An der Erdoberfläche sind das ca. 10,3 m. Selbst mit einer starken Pumpe ließe sich Wasser in einem Rohr nicht über diese Höhe hinaus ansaugen. Es würde dann beginnen, zu sieden und Dampfblasen zu bilden.

Experiment 35: Genügsam durch Verdünnen?

Kommen wir nun zu einem schwierigen Thema: Schorle! Wein zu verwässern, mag manchen als Sünde erscheinen. Und tatsächlich gibt es gute Weine, deren Bukett durch Hinzumischen von Wasser unwiderruflich zerstört würde. Andererseits hat die Wein-und-Wasser-Mischung eine lange Geschichte. Nicht zuletzt diente in der Antike das Trinken von verdünntem Wein wegen der antibakteriellen Wirkung des Alkohols der Vorsorge vor Krankheiten infolge von verunreinigtem Wasser. Von den Römern und Griechen kennen wir diese Praxis sicher. Mindestens zu Lebzeiten *Herons von Alexandria*, etwa im ersten Jahrhundert, war es offensichtlich gängiger Brauch, den Wein auch verdünnt zu genießen. Davon zeugen nämlich dessen Erfindungen und Apparate, die genau dieses Mischen automatisieren sollten. Vielleicht wollte *Heron* damit einen Ausgleich schaffen zu einem anderen seiner Automaten, der Wasser zu Wein verwandeln konnte (s. Experiment 33).

Und heute? Keine Frage, Schorle gehört zum Sommergenuss und hat in einigen Regionen, z. B. in der Pfalz, Kultstatus. Der Klassiker ist eine ordentliche Rieslingschorle, aber auch Rotwein lässt sich „spritzen". Ein wichtiger Hinweis zum Bestellen des erfrischenden Getränks in verschiedenen Gegenden: Ungeachtet dessen, dass der Duden als grammatischen Genus „die Schorle" angibt und etwas seltener auch „das Schorle" sein kann, heißt es in der Pfalz „der Schorle". Dort wird für die Mischung sowohl Wert auf die Verwendung eines anständigen Winzerweines gelegt als auch auf das richtige Mischungsverhältnis. Dieses begrenzt den Wasseranteil auf höchstens ein Drittel.

Nun können wir uns mit *Herons* Hilfe einen Wein-Wasser-Mischautomaten konstruieren, den wir sogar auf das Mischungsverhältnis von einem Drittel Wasser und zwei Dritteln Wein „programmieren" können (Abb. 7.4).

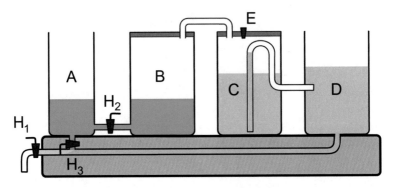

Abb. 7.4 Wein-Misch-Automat mit voreingestelltem Mischverhältnis in Anlehnung an Heron (vgl. Schmidt, 1899)

Herons Automat gibt dabei nicht nur eine bestimmte Mischung aus, sondern er stellt dabei auch gerade so viel von der Mischung her, wie man als Wasser in den Automaten hineingibt.

Allerdings muss hier die Einschränkung gemacht werden, dass der Automat nur mit stillem Wasser die richtige Mischung hervorbringt. Weil diese empfindlich vom Druck in den teils luftdicht verschlossenen Gefäßen abhängt, würde das vorgesehene Verhältnis vom CO_2-Gas eines Sprudels verändert werden.

Das angestrebte Mischungsverhältnis wird durch die Grundflächen der beiden zylinderförmigen Behälter A und B (Abb. 7.4) festgelegt. Soll die Pfälzer Minimalbedingung von zwei Dritteln Wein erfüllt werden, dann haben wir das Verhältnis $V_{\text{Wein}} : V_{\text{Wasser}} = 2 : 1$. Für die Grundflächen der Gefäße A und B muss dann gelten: $A_A : A_B = 1 : 2$. Hat z. B. Gefäß A einen Radius von $R_A = 10$ cm, dann muss Gefäß B so dimensioniert werden, dass sein Radius $R_B = \sqrt{2}R_A \approx 14$ cm ist (das folgt aus $A = \pi R^2$). Eine weitere notwendige Vorbereitung besteht darin, das Gefäß C durch die Einfüllöffnung E mit dem gewünschten Wein zu befüllen und die Öffnung danach wieder luftdicht zu schließen. Schließlich sind noch Hahn H_1 und Hahn H_3 zu schließen sowie Hahn H_2 zu öffnen.

Soll nun z. B. ein Liter der Wein-Wasser-Mischung hergestellt werden, muss ein Liter Wasser in das offene Gefäß A geschüttet werden. Der Hahn H_2 an der Verbindung der Gefäße A und B ist geöffnet. Wegen des physikalischen Prinzips der „kommunizierenden Röhren" (vgl. Infokasten) fließen zwei Drittel der Wassermenge in Gefäß B, dann haben beide Gefäße denselben Pegel. Weil aber Gefäß B luftdicht abgeschlossen ist bis auf eine Verbindung zu Gefäß C, entweicht das gleiche Volumen, also zwei Drittel

Liter Luft aus Gefäß B ins Gefäß C, das bereits mit einem Vorrat an Wein befüllt wurde. Auch Gefäß C ist luftdicht verschlossen. Es hat jedoch einen Heber, dessen vertikaler Schenkel bis fast auf den Grund reicht. Der andere Schenkel verlässt Gefäß C und endet in Gefäß D. Dort hinein wird durch den Heber das Volumen an Wein verdrängt, das zuvor als Luft in das Gefäß C gepresst wurde, also zwei Drittel Liter.

Nun stehen in Gefäß A ein Drittel Liter Wasser und in Gefäß D zwei Drittel Liter Wein für die Mischung bereit. Schließt man jetzt den Hahn H_2, können H_3 und H_1 geöffnet werden und aus beiden Gefäßen fließen die Flüssigkeiten ab und mischen sich vor Hahn H_1. Das Ergebnis ist ein Liter der Mischung im gewünschten Verhältnis. Soll aus dem verbliebenen Weinvorrat eine weitere Mischung erzeugt werden, dann öffnet man vorher noch Hahn H_2 und lässt somit das Wasser aus den beiden Gefäßen A und B ablaufen. Sodann ist der Automat bereit für den nächsten Mischauftrag.

Kommunizierende Röhren

Ist ein System miteinander verbundener Röhren mit einer Flüssigkeit der Dichte ρ gefüllt, steht die Flüssigkeit in allen Schenkeln der verbundenen Röhren gleich hoch. Die Form der Röhren spielt dabei keine Rolle (Abb. 7.5) – ein Umstand, der auch als *hydrostatisches Paradoxon* bezeichnet wird. Dass der Druck am Boden einer Flüssigkeitssäule unabhängig vom Querschnitt ist, ergibt sich aus der Gewichtskraft einer Flüssigkeitssäule mit der Höhe h:

$$F_G = m \cdot g = \rho \cdot h \cdot A \cdot g$$

Für den Druck p am Boden des Gefäßes mit dem Querschnitt A gilt dann:

$$p = \frac{F_G}{A} = \rho \cdot h \cdot g$$

Das *Prinzip der kommunizierenden Röhren* findet im Alltag vielfältig Anwendung. Beispiele hierfür sind Schlauchwaagen, die Wasserversorgung durch Wassertürme oder der Höhenausgleich an Fluss- und Kanalschleusen.

Abb. 7.5 Prinzip der kommunizierenden Röhren

Experiment 36: Das Weinglas als Taucherglocke

Wir bleiben noch ein wenig beim Thema „Druck in Flüssigkeiten" und widmen uns einer ebenfalls der Antike zugeschriebenen technischen Erfindung: der Taucherglocke. *Aristoteles* (384–322 v. Chr.) hat bereits um 320 v. Chr. einen umgestürzten Kessel erwähnt, der z. B. einem Perlentaucher als Reservoir für Atemluft dient und ihm ein längeres Arbeiten ermöglicht. Damit war die Idee der Taucherglocke geboren, die bis heute in Gebrauch ist.

Ohne uns in Gefahr begeben zu müssen, können wir das Prinzip einer offenen Taucherglocke am Tisch experimentell studieren, sofern uns ein leeres Weinglas sowie ein größerer wasserdichter Behälter zur Verfügung stehen. Und wenn sich auch noch ein Teelicht oder eine Serviette findet, dann kann die kleine Demonstration beginnen.

Der große Behälter wird zu etwa 10 bis 15 cm mit Wasser gefüllt. Auf dem Wasser lassen wir irgendetwas schwimmen, dass eigentlich besser trocken bleiben sollte. In Abb. 7.6a ist dafür eine Serviette ausgewählt worden, die in einem Teelichthalter steckt. Nun nehmen wir das Weinglas, drehen es kopfüber und stülpen es über die schwimmende Serviette. Mit etwas Kraft wird das Glas langsam immer weiter in das Wasser getaucht, bis es auf dem Boden aufsitzt. In Abb. 7.6b ist das Weinglas als offene Taucherglocke auf dem Grund angekommen, die Serviette ist dabei trocken geblieben. Nur eine sehr kleine Menge Wasser ist unten in das Glas eingedrungen. Man kann sich gut vorstellen, dass bei entsprechender Dimensionierung eine solche Taucherglocke auch Menschen Platz und vor allem Atemluft für einige Zeit bietet.

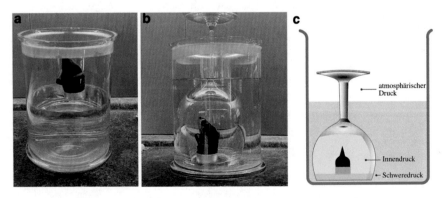

Abb. 7.6 Weinglas als Taucherglocke

Aus physikalischer Sicht sind die Druck- und Volumenverhältnisse in der Taucherglocke interessant. In Abb. 7.6b und c ist erkennbar, dass eine kleine Wassermenge aufgrund des Schweredrucks in das Glas eindringt. Wie verhält sich das bei echten Taucherglocken, die für Arbeiten oder touristische Zwecke unter Wasser im Einsatz sind (Abb. 7.7)? Wie groß wird der Druck in der Glocke und wie viel Wasser dringt ein?

Zur Beantwortung dieser Fragen werden die Gesetzmäßigkeiten benötigt, die sich aus der *allgemeinen Gasgleichung* (vgl. Infokasten) ergeben. In dieser werden die drei für Gase wesentlichen Größen *Temperatur*, *Volumen* und *Druck* miteinander in Beziehung gebracht. Wenn wir für die Situation der Taucherglocke annehmen, dass die Temperatur ungefähr konstant bleibt, dann reduziert sich die Gasgleichung auf die Aussage: Das Produkt aus Druck und Volumen einer abgeschlossenen Gasmenge ist konstant (*Boyle-Mariotte-Gesetz*). Dieses Gesetz kann nun leicht auf die Taucherglocke angewendet werden. Wir müssen zuvor noch berücksichtigen, dass in dem jeweils vorhandenen Luftvolumen der Taucherglocke derselbe Druck herrscht wie am jeweils oberen Pegel unter der Glocke. Weiterhin benötigen wir noch die

Abb. 7.7 Tauchgondel Zinnowitz auf Usedom; eine Tauchfahrt mit bis zu 24 Personen dauert 30 bis 40 min

Kenntnis der Zunahme des Schweredrucks des Wassers mit der Tiefe. Hier gilt die grobe Faustregel, dass der Schweredruck nach jeweils 10 m um 1 bar zunimmt. Abb. 7.8 zeigt schematisch diese Zusammenhänge. Ausgehend vom atmosphärischen Druck über dem Seeniveau (etwa 1 bar) addiert sich jeweils nach 10 m Tiefe 1 bar hinzu. Dieser Druck herrscht dann auch im Gasvolumen in der Taucherglocke. Mithilfe des *Boyle-Mariotte-Gesetzes* kann damit das sich ergebende Gasvolumen in der Taucherglocke bestimmt werden.

Isotherme Zustandsänderung

Die *allgemeine Gasgleichung* beschreibt das Verhalten eines Gases bei Änderung einer oder mehrerer der Größen Temperatur T, Druck p und Volumen V:

$$\frac{p \cdot V}{T} = \text{konstant}$$

Für zwei Zustände 1 und 2 ergibt sich dann:

$$\frac{p_1 \cdot V_1}{T_1} = \frac{p_2 \cdot V_2}{T_2}$$

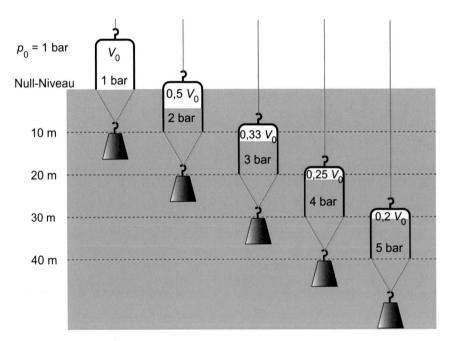

Abb. 7.8 Zusammenhang von Druck und Volumen einer Taucherglocke in verschiedenen Wassertiefen

Aus dem Konstanthalten einer der drei Zustandsgrößen lassen sich drei Spezialfälle ableiten. Für den Fall, dass wie für die offene Taucherglocke angenommen z. B. die Temperatur eines Systems konstant bleibt (*isotherme Zustandsänderung*), wird aus der allgemeinen Gasgleichung

$$p \cdot V = \text{konstant bzw. } p_1 \cdot V_1 = p_2 \cdot V_2.$$

Dieser Spezialfall wird zu Ehren der Physiker *Robert Boyle* (1627–1692) und *Edme Mariotte* (1620–1684) *Boyle-Mariotte-Gesetz* genannt.

Balanceakte

Mit den folgenden Experimenten lassen sich vielleicht keine wirklich praktischen Ziele erreichen. Vielmehr fallen sie unter die Rubrik „Partytricks", die Ihnen ganz bestimmt Aufmerksamkeit sichern werden. Und dennoch können wir auch hier wieder vom universellen Wesen der physikalischen Gesetze profitieren. Denn, was für die „balancierenden" Utensilien bei Tisch gilt, das gilt auch in vielen anderen praktischen Lebenslagen. Beginnen wir die Spielereien mit zwei schwebenden Korkenziehern.

Experiment 37: Balancierende Korkenzieher

Für dieses Experiment – in Abwandlung der bekannten Variante mit schwebenden Gabeln – finden wir fast alle erforderlichen Dinge auf dem gut gedeckten Tisch vor: zwei Korkenzieher, den schon herausgezogenen Korken, die zum Einschenken bereitstehende Weinflasche und Gläser. Ein Zahnstocher aus Holz vervollständigt die Materialsammlung.

In der ersten Variante des Experimentes balancieren die in den Korken gedrehten Korkenzieher auf dem Rand des Flaschenhalses einer Weinflasche. Das Gleichgewicht ist so gut, dass diese Konstruktion sich auch vom Einschenken vollkommen unbeeindruckt zeigt und fröhlich weiter auf dem Flaschenhals balanciert (Abb. 7.9).

Wie kommt es zu dieser erstaunlich guten Balance? Wir müssen hier das Konzept des Schwerpunkts bzw. des Massenmittelpunktes heranziehen (vgl. Infokasten). Die in den Korken gedrehten Korkenzieher bilden ein System aus drei Einzelkörpern mit jeweils drei Einzelmassen. Für alle drei Körper lässt sich der jeweilige Einzelschwerpunkt bestimmen. Das ganze System hat aber auch einen eigenen Schwerpunkt, der in diesem Fall außerhalb der drei Bestandteile liegt (Abb. 7.10).

Abb. 7.9 Der Korken mit seinen „Gewichten" balanciert auch während des Einschenkens weiter auf dem Flaschenhals

Beim Balancieren auf dem Flaschenhals liegt der Systemschwerpunkt genau unterhalb des Auflagepunktes am Korken. Das macht die Gleichgewichtssituation stabil. Von einem *stabilen Gleichgewicht* können wir sprechen, wenn man das System ein wenig aus der Ruhelage auslenkt und es von selbst wieder in die ursprüngliche Lage übergeht. Wir können das auf dem Flaschenhals sitzende Korkenzieherpaar etwas anstoßen. Es kehrt – wenn auch ein wenig wackelig – in seine Position zurück und ist damit stabil, auch beim Einschenken.

In der zweiten Variante des Experimentes gehen wir noch einen Schritt weiter und das Ergebnis erscheint noch spektakulärer. Zunächst wird in den Korken mit den beiden Korkenziehern in Richtung der Korkenachse ein Zahnstocher hineingesteckt. Auf diesem Zahnstocher bringt man das Ganze – jetzt aber auf dem Rand eines Glases – wieder in Balance (Abb. 7.11a). Wenn der Aufbau dann auf dem Glasrand ruht, sieht allein diese Situation wieder überraschend aus. Doch damit nicht genug! Entzünden wir die in die Glasmitte zeigende Spitze des Zahnstochers (Abb. 7.11b), wird es erst richtig erstaunlich. Das Hölzchen brennt ab, aber wie von Geisterhand erlischt es genau an der Stelle, wo es auf dem Glasrand aufliegt. Wenn

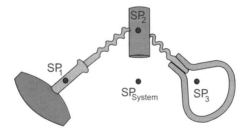

Abb. 7.10 Schwerpunkte der Einzelteile und des Gesamtsystems

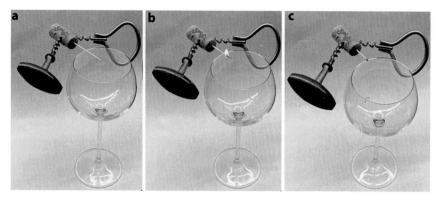

Abb. 7.11 Die verbundenen Korkenzieher balancieren auch nach dem Abbrennen des Hölzchens (a–c)

die Demonstration perfekt abläuft, dann fällt die Asche ab und die Korkenzieher balancieren noch immer neben dem Glas – nur noch getragen vom äußersten Ende des verbliebenen Zahnstochers (Abb. 7.11c).

Für die Erklärung benötigen wir erneut den Schwerpunkt. Da das Zahnstocherhölzchen gerade als Verlängerung der Achse in den Korken gesteckt wurde, fällt der Systemschwerpunkt (Abb. 7.10) nun etwa auf die Mitte des Hölzchens. Liegt es genau auf dieser Stelle am Glasrand auf, dann befindet sich der Systemschwerpunkt gerade unter bzw. am Auflagepunkt und das System ist im Gleichgewicht.

Bleibt noch die Frage zu klären, woher die Flamme weiß, dass sie an der „richtigen Stelle" auszugehen hat. Hier kommt die Wärmeleitfähigkeit des Glases ins Spiel. Das Brennen des Holzes erfordert eine bestimmte Temperatur, die mit dem Entzünden auch mühelos erzielt wird. Sobald die brennende Stelle des Holzes jedoch den Glasrand erreicht, fließt dort Wärme in das Glas hinein und wird weggeleitet. Dadurch „unterkühlt" die Flamme und erlischt somit genau am Kontaktpunkt zwischen Glas und aufliegendem Holz.

Schwerpunkt

Der *Schwerpunkt* eines Systems wird auch als *Massenmittelpunkt* bezeichnet. Besteht das System aus i Bestandteilen, die jeweils die Einzelmasse m_i aufweisen, dann ist der Ort des Schwerpunktes $\vec{r_S}$ definiert als die Summe der gewichteten Ortsvektoren $\vec{r_i}$:

$$\vec{r_S} = \frac{1}{m_{ges}} \sum_i m_i \vec{r_i}$$

Dabei gibt m_{ges} die Gesamtmasse des Systems an.

Für einen Körper mit kontinuierlich verteilter Masse (wir können uns hier z. B. eine Kartoffel vorstellen) gehen die Einzelmassen über in infinitesimale (unendlich kleine) Massenelemente dm. Die Summe aus der Schwerpunktgleichung geht dann über in das Integral

$$\vec{r_S} = \frac{1}{m} \int \vec{r} \, dm$$

Statisches Gleichgewicht
Ein Körper befindet sich im *statischen Gleichgewicht*, wenn die folgenden beiden Bedingungen erfüllt sind:

- Die Summe der Vektoren aller auf den Körper wirkenden äußeren Kräfte ist null:

$$\sum_i \vec{F} = 0$$

- Die Summe der Vektoren aller auf den Körper wirkenden äußeren Drehmomente ist null:

$$\sum_i \vec{M} = 0$$

Die Erfüllung der ersten Bedingung ist notwendig, aber allein noch nicht hinreichend. Es sind Kräfte denkbar, die an einem Körper angreifen und sich in ihrer Vektorsumme aufheben. Wenn die Angriffspunkte jedoch verschieden sind, ergibt sich aus den beiden Kräften ein auf den Körper wirkendes Drehmoment (vgl. Infokasten des Experiments 38). Deshalb ist erst die Erfüllung beider Bedingungen für ein statisches Gleichgewicht hinreichend.

Experiment 38: Flaschenhalter am Limit

Wenn Sie bei Ihren Gästen Aufmerksamkeit für den vorgesehenen Wein erzeugen möchten, dann kann Ihnen ein zwar sehr einfacher, aber doch auch erstaunlicher Flaschenhalter empfohlen werden (Abb. 7.12). Mit

Abb. 7.12 Flaschenhalter „in Aktion"; mit voller (**a**) und mit leerer (**b**) Flasche

Leichtigkeit scheint die Flasche über dem Tisch zu schweben. Zwar wird sie von dem Flaschenhalter getragen, doch dieser steht in einem überraschenden Winkel schräg auf dem Tisch. Vielleicht überrascht es auch, dass die Flasche bei jedem Füllstand von voll bis leer hält.

Auch hierbei handelt es sich – wie zuvor bei den Korkenziehern – um einen gut austarierten Balanceakt. In einem ersten einfachen Erklärungsansatz nehmen wir Flasche und Halter als ein System an, dessen gemeinsamer Schwerpunkt genau über der kleinen Auflagefläche des Flaschenhalters liegen muss, damit Halter und Flasche stehen (Abb. 7.13a). In diesem Fall gibt es kein resultierendes Drehmoment und das System steht im stabilen Gleichgewicht.

Mit dieser Erklärung könnten wir es eigentlich beruhen lassen. Dennoch ist für eine etwas detailliertere Analyse eine Betrachtung der wirkenden Kräfte und Drehmomente (vgl. Infokasten) aus physikalischer Sicht interessant.

Weil Flasche und Flaschenhalter ganz offensichtlich in einem stabilen Gleichgewicht ruhen, können wir davon ausgehen, dass die Summe aller Drehmomente gerade null ist. Das heißt aber nicht, dass keine Kräfte und Drehmomente vorhanden sind. Flasche und Flaschenhalter unterliegen natürlich jeweils ihrer Schwerkraft. Wären beide Körper unabhängig vom jeweils anderen, würde die Flasche einfach herunterfallen und der Flaschenhalter würde aus seiner schrägen Lage umkippen. Nun sind die beiden Körper aber mechanisch miteinander verbunden, was die gemeinsame Stabilität bewirkt. Schauen wir uns die Verhältnisse für Kräfte und Drehmomente für die Weinflasche in Abb. 7.13b genauer an:

Die Lagerung des Flaschenhalses in der Bohrung führt zu den zwei Kontaktpunkten A und B, an denen die Kräfte $\vec{F}_A$ und $\vec{F}_B$ auf die Flasche

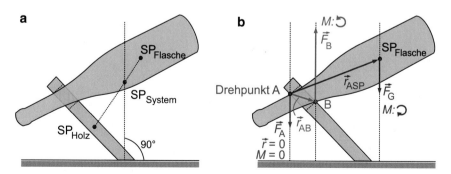

Abb. 7.13 Schwerpunkte im System Flasche und Halter (a), Kräfte, Hebel und Drehmomente an der Weinflasche in der Halterung (b); Kraftvektoren sind nicht maßstäblich

ausgeübt werden. Für die weitere Betrachtung der Drehmomente definieren wir hier den Punkt A als Drehpunkt. (Wir könnten auch andere Punkte hierfür definieren.) Die am Punkt B auf die Flasche wirkende Kraft $\vec{F}_B$ hat eine aufwärts gerichtete vertikale Komponente. Zusammen mit dem vom Drehpunkt A nach B weisenden Radiusvektor $\vec{r}_{AB}$ ergibt sich ein Drehmoment, das gegen den Uhrzeigersinn orientiert ist. Außerdem wirkt die Gewichtskraft $\vec{F}_G$ auf die Flasche. Mit dem zum Schwerpunkt weisenden Radiusvektor $\vec{r}_{ASP}$ ergibt sich wiederum ein Drehmoment, welches allerdings im Uhrzeigersinn orientiert ist. Beide Drehmomente heben sich notwendigerweise auf. Auch am Drehpunkt selbst wirkt eine Kraft $\vec{F}_A$ auf die Flasche. Weil hier aber der Radiusvektor verschwindet, ergibt sich aus dieser Kraft kein Drehmoment.

Mit dieser und der oberen Betrachtung lässt sich auch verstehen, warum der Flaschenhalter sowohl bei einer vollen als auch bei der leeren Flasche eine stabile Position erreichen kann. Zwar bleibt der Schwerpunkt der Flasche $SP_{Flasche}$ ungefähr in derselben Position, aber wegen der geringeren Masse rückt der Systemschwerpunkt SP_{System} näher in Richtung des Holzschwerpunktes SP_{Holz}. Um den Flaschenhalter wieder ins stabile Gleichgewicht zu bringen, muss die Flasche ein wenig aus dem Halterungsloch herausgezogen werden, bis sich der Systemschwerpunkt wieder senkrecht über der Auflagefläche befindet.

Drehmoment

Das Drehmoment $\vec{M}$ ist eine vektorielle (gerichtete) Größe. Sie ergibt sich als Vektorprodukt des Radius- und des Kraftvektors:

$$\vec{M} = \vec{r} \times \vec{F}$$

Im Sinne eines rechtshändigen Systems steht der Drehmomentvektor senkrecht auf dem Radius- und dem Kraftvektor (Abb. 7.14a). Für die Orientierung

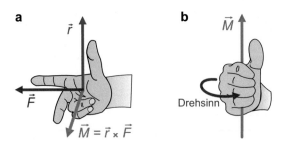

Abb. 7.14 Rechte-Hand-Regeln zum Kreuzprodukt (a) und zur Orientierung des Drehsinns für das Drehmoment (b)

des Drehmoments gilt folgende Regel: Zeigt der Daumen der rechten Hand in Richtung von $\overrightarrow{M}$, dann geben die gekrümmten Finger entsprechend Abb. 7.14b die Drehrichtung an (Schrauben- oder Korkenzieherregel).

Der Betrag des Drehmoments ergibt sich für rechte Winkel aus dem Produkt der Beträge von Radius und Kraft. Im allgemeinen Fall (beliebiger Winkel α zwischen Radius- und Kraftvektor) gilt:

$$M = r \cdot F \cdot \sin(\alpha)$$

Das Drehmoment spielt in vielen Alltagssituationen eine Rolle. Vielen dürfte der „Drehmomentschlüssel" z. B. vom Reifenwechsel bekannt sein. Auf Spielplätzen entscheidet das Nettodrehmoment beider Seiten einer Wippe darüber, wer aufsteigt oder absinkt.

Aus der Berechnungsgleichung für das Drehmoment ergibt sich auch die Einheit: 1 Nm („Newtonmeter").

Experiment 39: Das schwebende Weinglas

Ihr Tisch ist zu klein für alle Gäste? Kein Problem, hier kommt eine Lösung zur Erweiterung der Tischfläche! Nachdem wir bereits Korkenzieher haben schweben lassen und die erstaunliche Statik eines Flaschenhalters präsentieren konnten, heben wir nun die Gesetze der Schwerkraft erneut auf – zumindest erweckt Abb. 7.15 diesen Eindruck. Wie von Geisterhand gehalten, will ein weit über die Tischkante geschobenes gefülltes Weinglas

Abb. 7.15 Ein Weinglas steht scheinbar frei und ohne Unterstützung auf einer Glasplatte

einfach nicht fallen! Dabei befindet sich sein Schwerpunkt offensichtlich längst jenseits der Kante über dem Abgrund des Tisches.

Gehen wir der haltenden „Geisterhand" etwas nach. Die Glasplatte ragt mit ihrer Hälfte über die Tischkante hinaus. Allein das lässt eine stabile Lage schon kaum noch zu. Nun steht aber zusätzlich noch ein ordentlich gefülltes Weinglas (Masse: ca. 350 g) relativ weit außen auf der „schwebenden" Seite der Glasplatte. Es muss also eine Kraft geben, die der Gewichtskraft des Weinglases Paroli bietet. Da die Ursache in Abb. 7.15 kaum sichtbar ist, muss der Trick hier verraten werden: Es ist die Kraft des Wassers, die das Glas schweben lässt. Ein paar Tropfen Wasser zwischen Tischfläche und Glas lassen die Glasplatte fest genug am Tisch haften, sodass es dem Gewicht auf der freien Seite standhält. Kann denn Wasser wie Leim wirken? In der Tat kann man das so sagen, auch wenn es besseren Leim als Wasser gibt. In beiden Fällen sind Haftkräfte zwischen den Wasser- bzw. Leimmolekülen und der Glas- bzw. Tischplatte ausreichend groß. Wir sprechen hier von *Adhäsionskräften*. Aber auch der dünne Wasserfilm zwischen Tisch und Glasplatte darf bei einem Kleber nicht schnell aufreißen. Das heißt, auch zwischen den Wassermolekülen müssen zusammenhaltende Kräfte wirken. Bei diesen handelt es sich um *Kohäsionskräfte*.

Kohäsion und Adhäsion am Beispiel von Glas und Wasser

Kohäsion. Zwischen den Molekülen eines Stoffes herrschen sowohl anziehende als auch abstoßende Kräfte, die sich überlagern. Das Verhältnis dieser Kräfte bestimmt die Form und das Volumen von Festkörpern oder Flüssigkeiten.

Das Kräftegleichgewicht legt insbesondere den Abstand der Moleküle fest. Versucht man, diesen Abstand zu vergrößern oder zu verkleinern, muss eine entsprechende Kraft ausgeübt werden.

Adhäsion. Auch zwischen den Molekülen eines Festkörpers (z. B. Glas) und einer Flüssigkeit (z. B. Wasser), die in Kontakt miteinander stehen, wirken Kräfte. Diese führen zu einer Anziehung der Moleküle an der Grenzschicht. Bei Stoffen wie Wasser, deren Moleküle einen Dipolcharakter aufweisen, spielt die Polarität eine entscheide Rolle. Daneben lässt sich die Adhäsion auch durch die Verschiebung von Ladungsträgern in den Stoffen erklären.

Vergleich von Adhäsion und Kohäsion bei Wasser und Glas. Die Wirkung der Adhäsionskräfte für die Kombination von Wasser und Glas lässt sich in einem einfachen Experiment (Abb. 7.16) demonstrieren. Eine kleine Glasplatte wird an einer Seite einer Balkenwaage horizontal befestigt. Danach wird die Waage ins Gleichgewicht gebracht. Nun führt man von unten eine mit Wasser gefüllte Schale so an die Glasplatte heran, dass diese die Wasseroberfläche der Schale berührt. Um die Glasplatte von der Wasseroberfläche zu trennen, ist eine Kraft erforderlich, die durch Auflegen von Wägestücken bestimmt werden kann.

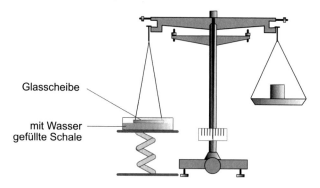

Abb. 7.16 Nachweis der Adhäsionskräfte zwischen Wasser und Glas

Reißt die Glasplatte von der Wasseroberfläche ab, lässt sich erkennen, dass die Glasplatte noch mit Wasser benetzt ist. Das zeigt, dass das Abreißen zwischen den Wassermolekülen erfolgte. Die Adhäsionskräfte zwischen Wasser und Glas sind in dem Fall größer als die Kohäsionskräfte der Wassermoleküle untereinander.

Experiment 40: Geschleudert, nicht gerührt ...

Hat man es beim Einschenken mit seinem Gast mal zu gut gemeint und möchte man das vollgefüllte Glas zu ihm hintragen, kommt es nicht selten zu einem Überschwappen des edlen Tropfens. Zugegeben, einen guten Wein genießt man am besten aus einem Stielglas, bei dem die Gefahr des Verschüttens aufgrund der geringen Einschenkmenge kaum besteht (damit sich das volle Bouquet möglichst schnell entfaltet, empfiehlt es sich, das Glas zu schwenken (s. Experiment 9) und daher nur ca. zu einem Drittel zu befüllen). Sie kennen das Problem aber sicher bereits vom Tragen gefüllter Wassergläser, vom Transport von Kaffee oder Tee, und auch beim Wein gibt es durchaus Situationen, in denen ein Überschwappen sehr wahrscheinlich ist. Die „Pfälzer Röhre" wurde schon mehrfach angesprochen und in ihrer Heimat ist es gute Tradition, diese sogar über den Eichstrich hinaus zu befüllen. Ein Überschwappen ist hier ohne Hilfsmittel also nahezu gesichert! Auch bei anderen Weingläsern kommt dieses Problem vor, z. B. beim Römer, der ebenfalls vollständig befüllt wird. Ehe wir eine Problemlösung vorstellen, die im Übrigen auch Extremsituationen standhält (z. B. sprinten, enge Kurven laufen oder abruptes Abbremsen), wenden wir uns zunächst der Ursache des Überschwappens zu. Haben wir den Grund für das

Missgeschick einmal verstanden, so ist es bis zur Lösung des Problems nur noch ein kleiner Schritt. Was ist also die Ursache für das Überschwappen beim Tragen eines voll befüllten Glases?

Um das Überschwappen des Weines zu verstehen, befüllen wir zunächst einen verschließbaren (!) Behälter in etwa zu einem Viertel mit Rotwein und beschleunigen ihn durch horizontales Schieben auf der Tischplatte (Vogt & Kasper, 2022). Den Bewegungsvorgang verfolgen wir mit einem senkrechten Blick oder – das wäre noch besser – erstellen mit dem Smartphone ein Hochgeschwindigkeitsvideo. Die Aufnahme lässt sich dann im Nachgang in aller Ruhe ansehen und analysieren. In Abb. 7.17 ist beispielhaft ein Videoschnappschuss dargestellt. Wir können hier deutlich erkennen, dass der Flüssigkeitsspiegel – im Gegensatz zum Zustand der Ruhe – nicht mehr horizontal verläuft, sondern in Beschleunigungsrichtung nach unten geneigt ist. Bei einer Beschleunigung nach links nimmt also der Flüssigkeitsspiegel auf der rechten Seite des Behälters zu und würde ohne Verschluss ab einem kritischen Beschleunigungswert zum Überschwappen führen. Wäre der Behälter vollständig befüllt, käme es schon bei sehr kleinen Beschleunigungen zu einem Malheur. Warum ist der Flüssigkeitsspiegel nun aber während des Beschleunigens geneigt? Dies liegt an der Trägheit, die Ihnen auch aus dem Alltag bestens bekannt ist und in beschleunigten Bezugssystemen als sogenannte Scheinkraft auftritt. (Scheinkraft deshalb, da von außen betrachtet auf die Flüssigkeit keineswegs eine nach rechts gerichtete Kraft angreift.) Beschleunigen Sie sehr schnell mit Ihrem Auto, so wird Ihr Körper in den Sitz gedrückt und wenn Sie sich im Bus nicht ausreichend festhalten, fallen Sie beim Anfahren wohlmöglich sogar nach hinten um. Und genau so ergeht es dem Rotwein im Behälter oder ggf. auch im zu stark befüllten Weinglas.

Abb. 7.17 Die Oberfläche einer in Translationsrichtung beschleunigten Flüssigkeit bildet einen Winkel zur Horizontalen, der vom Betrag der Beschleunigung abhängt

Möchten Sie das Überschwappen verhindern, so dürfen Sie bei einem konventionellen Tragen das Glas also entweder nicht zu voll füllen oder aber es nicht zu stark beschleunigen. Und wenn nun doch ein vollgefülltes Glas schnell transportiert werden muss? Schließlich haben wir Ihnen zu Beginn des Kapitels eine einfache Lösung versprochen. Dann muss auf andere Weise die Flüssigkeitsoberfläche parallel zur Grundfläche des Glases gehalten werden. Dies gelingt mit einem ganz simplen Aufbau, den Sie zu Vorführzwecken auf der nächsten Feier unbedingt selbst nachbauen müssen. Es ist ein Experiment für Mutige, wir können Ihnen aber versichern, dass es funktionieren wird. Zumindest bei unseren Experimenten ging noch kein Glas zu Bruch und es wurde auch noch kein Tropfen vergossen! Zur Durchführung des Experiments benötigen Sie lediglich ein Holzbrett (z. B. 18 cm × 25 cm), in dessen Ecken Sie jeweils ein Loch zur Befestigung einer Schnur bohren. Alle vier ca. 80 cm langen Schnüre führen Sie zu einem Punkt zusammen und bilden einen Knoten (Abb. 7.18). Das aufgehängte und mit der Hand an den Schnüren gehaltene Brett nutzen Sie als Tablett für den Transport Ihrer Gläser. Wenn Sie jetzt stark beschleunigen oder abbremsen, dann schlägt das „Pendel" aus und das Tablett wird durch die sogenannte Zentripetalkraft auf einer Kreisbahn gehalten. Ist diese gleichförmig, dann zeigt die Beschleunigung zum Kreismittelpunkt und steht somit senkrecht auf der Weinoberfläche. Eine Beschleunigung in tangentialer Richtung ist nicht mehr vorhanden und somit auch kein Grund zum Überschwappen. Auch beim Beschleunigen oder Abbremsen während des Tragens ist die radiale Komponente der Beschleunigung deutlich größer

Abb. 7.18 Auch bei einer vollständigen Umdrehung bleibt die Flüssigkeitsoberfläche immer näherungsweise parallel zur Grundfläche des Glases und es schwappt nichts über

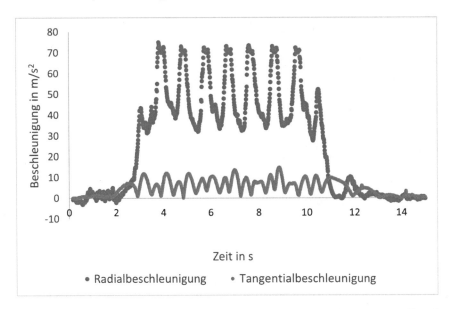

Abb. 7.19 Mit dem Beschleunigungssensor eines Smartphones anstelle des Weinglases auf dem Tablett gemessene Radial- und Tangentialkomponente der Beschleunigung bei mehreren Überschlägen

als die tangentiale, zeigt eine Beschleunigungsmessung via Smartphone (Abb. 7.19; Tornaría et al., 2014). Hätte also der Butler James in „Dinner for One" ein Tablettpendel benutzt, wäre ein Teil der Getränke beim Stolpern über den Löwenkopf zu retten gewesen.

Beschleunigte Translation von Flüssigkeiten

Eine Flüssigkeit passt sich generell vollständig den Gefäßwänden an und bildet zur Luft hin eine sogenannte *freie Oberfläche*, oder einen *Spiegel*. Freie Oberflächen stehen prinzipiell senkrecht zur wirkenden Kraftresultierenden. Das einfachste Beispiel hierfür ist der Spiegel eines auf dem Tisch ruhenden Wasserglases, der sich senkrecht zur Gewichtskraft ausbildet und näherungsweise – vom Meniskus an der Glaswand abgesehen (s. Experiment 47) – eine waagrechte Ebene bildet (Abb. 7.20a). Tatsächlich folgt die Fläche der Erdkrümmung und es handelt sich somit strenggenommen um einen Kugelflächenausschnitt. Bei kleinen freien Oberflächen ist dieser Aspekt aber getrost zu vernachlässigen.

Bei einer beschleunigten Translationsbewegung bildet die freie Oberfläche einen Winkel α zur Horizontalen (Abb. 7.20b) und es gilt:

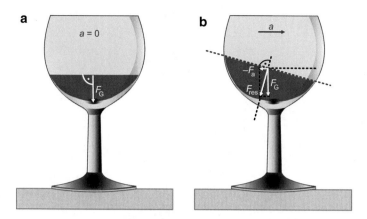

Abb. 7.20 Freie Oberflächen in Ruhe (**a**) und bei beschleunigter Translations-bewegung (**b**), in Anlehnung an Sigloch (2014)

$$\tan(\alpha) = \frac{a}{g}$$

(*a*: Betrag der Beschleunigung in Translationsrichtung, *g*: Erdbeschleunigung)

Mit diesem Wissen können wir nun auch abschätzen, mit welcher Beschleunigung der mit Rotwein befüllte Behälter nach links verschoben wurde. Hierzu entnehmen wir aus Abb. 7.17 den Winkel α zu 19° und setzen diesen zusammen mit der Erdbeschleunigung von 9,81 m/s² in die Berechnungs-gleichung ein:

$$a = \tan 19° \cdot 9,81 \, \tfrac{m}{s^2} \approx 3,4 \, \tfrac{m}{s^2}$$

Experiment 41: Das fallende Weinglas

Nach dem Schleudern gefüllter Gläser möchten wir mit dem fallenden Weinglas einen weiteren Partytrick vorstellen, zu dessen Durchführung Sie lediglich ein Stück Schnur mit zur Einladung nehmen müssen. Die Durchführung des Experiments ist sehr simpel, das Ergebnis aber umso überraschender (Vogt & Kasper, 2021a)! Zunächst befestigt man das eine Fadenende am Stiel eines ohnehin bereitstehenden Rotweinglases, das andere an einem Fingerring oder an einer ebenfalls mitgebrachten Unterleg-scheibe. Mit einer Hand wird der kleinere Körper gehalten und der Faden über den gestreckten Zeigefinger der anderen Hand geführt. Beide Hände sollten sich auf etwa gleicher Höhe befinden, sodass der Faden zunächst horizontal verläuft (Abb. 7.21). Durch die auf das Rotweinglas wirkende Gewichtskraft ist der Faden straff gespannt und die Durchführung des

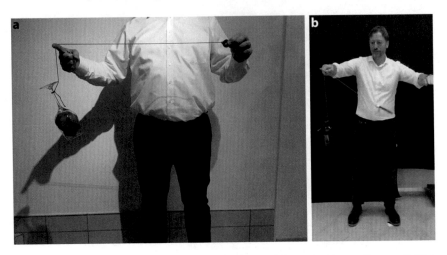

Abb. 7.21 Aufbau des beschriebenen Experiments (**a**) sowie Abwandlung mit Weinflasche, Korkenzieher und Haltestab (**b**)

Experiments beschränkt sich im Folgenden auf das Loslassen der Unterlegscheibe. Damit das Glas in der vorgenommenen Videoaufnahme gut sichtbar ist, wurde es vorab mit einem blauen, zerknüllten Papierbogen befüllt sowie die Unterlegscheibe mit einem roten Permanentmarker eingefärbt.

Zunächst können Sie sich überlegen, was bei dem Experiment wohl geschehen wird und erst im Anschluss sollten Sie die Lektüre fortsetzen!

Wenn Sie davon ausgegangen sind, dass das Glas zu Boden fällt und eine weiche Unterlage hilfreich sein könnte, sind Sie zweifellos in guter Gesellschaft. Gerade Personen, bei denen das im Physikunterricht Gelernte noch präsent ist, liegen hier oftmals falsch, da sie mit dem Energieerhaltungssatz in etwa wie folgt argumentieren: Lässt man die Unterlegscheibe los, so schlägt das „Pendel" zurück, wobei der gestreckte Finger die Aufhängung darstellt. Der Pendelkörper (hier die Unterlegscheibe) erreicht in der Ruhelage seine

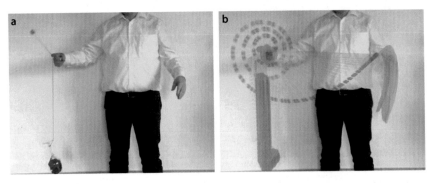

Abb. 7.22 Moment des ersten Überschlags (**a**), Stroboskopaufnahme der gesamten Bewegung (**b**)

Maximalgeschwindigkeit und gelangt auf der gegenüberliegenden Seite – aufgrund von Reibungsverlusten – nur noch näherungsweise auf seine Ausgangshöhe. Ohne jeden Zweifel kann es aufgrund des Energieerhaltungssatzes allein jedoch unmöglich zu einem Überschlag der Unterlegscheibe kommen, der zum Abbremsen des fallenden Weinglases notwendig wäre!

Entgegen dieser Erwartung kommt es jedoch tatsächlich zu einem Überschlag des losgelassenen Körpers (Abb. 7.22a) und wie der Stroboskopaufnahme zu entnehmen ist, zu mindestens zwei weiteren (Abb. 7.22b). Durch das mehrmalige Umwickeln des Fingers ist die Reibungskraft nun aber so

Abb. 7.23 Zu Beginn einer Pirouette streckt die Eiskunstläuferin beide Arme und ein Bein von sich (**a**); nach dem Heranziehen zum Körper nimmt ihre Winkelgeschwindigkeit deutlich zu (**b**)

groß, dass der Fall des Glases abgebremst wird und es nicht zum Aufschlag auf dem Boden kommt. Probieren Sie es doch selbst einmal aus!

Die Gültigkeit des Energieerhaltungssatzes möchten wir an dieser Stelle keineswegs anzweifeln. Wie kann es unter seiner Einhaltung aber dennoch zum mehrmaligen Überschlagen und zur offensichtlich immer schneller werdenden Rotation kommen? Den Grund liefert das fallende Weinglas, das zu einer stetigen Verkürzung der Pendellänge (Abstand Unterlegscheibe – gestreckter Finger) führt. Wie oben bereits erläutert, ist die Zunahme der Bahngeschwindigkeit des Pendelkörpers bis zum Erreichen der Ruhelage nicht überraschend. Hinzu kommt nun jedoch ein weiterer Geschwindigkeitszuwachs infolge der verkürzten Pendellänge, die mit dem Drehimpulserhaltungssatz begründet werden kann. Verringert sich der Abstand zum Drehzentrum, muss zur Erhaltung des Drehimpulses die Bahngeschwindigkeit zunehmen und es kommt zum Überschlag.

Drehimpuls und Drehimpulserhaltung

Für einen Massepunkt entspricht der Drehimpuls $\vec{L}$ dem Vektorprodukt aus Ortsvektor $\vec{r}$ und Impuls $\vec{p}$

$$\vec{L} = \vec{r} \times \vec{p}$$

und vereinfacht sich bei einer Kreisbewegung zu

$$L = mrv = mr^2\omega$$

(m: Masse, r: Abstand zum Drehzentrum, v: Bahngeschwindigkeit, ω: Winkelgeschwindigkeit). Die Orientierung des Drehimpulses erhält man übrigens analog zum Drehmoment mithilfe der Rechte-Hand-Regel (Abb. 7.14).

Entsprechend der Impulserhaltung bei Translationsbewegungen gilt bei Rotationsbewegungen der Drehimpulserhaltungssatz:

$$\vec{L}_{ges} = \sum_i \vec{L}_i = \text{konstant}$$

($\vec{L}_{ges}$: Gesamtdrehimpuls des Systems, $\vec{L}_i$: Drehimpulse der einzelnen Objekte). Oder in Worten formuliert: Die Summe der Einzeldrehimpulse ist in einem abgeschlossenen System konstant. Für einen sich auf einer Kreisbahn bewegenden Massepunkt folgt somit:

$$mr^2\omega = \text{konstant}$$

Bei gleichbleibender Masse wird ein kleiner werdender Abstand zum Drehzentrum durch eine Zunahme der Winkelgeschwindigkeit kompensiert (vgl. zunehmende Bahngeschwindigkeit der Unterlegscheibe im beschriebenen Experiment).

Eine interessante Anwendung des Drehimpulserhaltungssatzes betrifft das System Erde-Mond. Aufgrund der Gezeitenreibung nimmt die Rotationsgeschwindigkeit der Erde – wenn für uns auch nicht merklich – sukzessive ab. Dies führt nicht nur zu einer Verlängerung der Tagesdauer von ca. 17 Mikrosekunden pro Jahr, sondern infolge des Drehimpulserhaltungssatzes zu einer kontinuierlichen Vergrößerung der Distanz Erde-Mond (näherungsweise 4 cm pro Jahr). Ein aus dem Sport bekanntes Phänomen, das mit dem Drehimpulserhaltungssatz verstanden werden kann, ist der Pirouetteneffekt. Dieser wird beim Eiskunstlaufen, Turnen und Turmspringen zur Durchführung von Pirouetten, Salti oder Schrauben genutzt (Abb. 7.23). Zu Beginn der Rotationsbewegung streckt der Sportler die Gliedmaßen weit von sich. Das anschließende Heranziehen zum Körper bewirkt eine Zunahme der Winkelgeschwindigkeit.

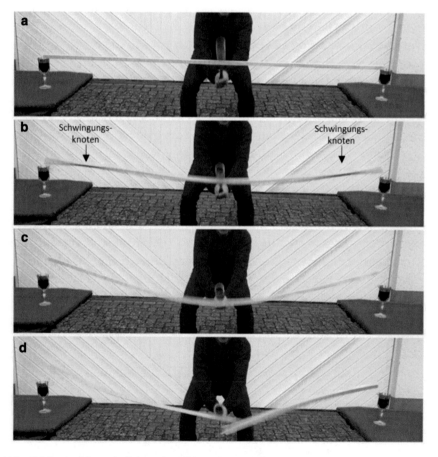

Abb. 7.24 Aufeinanderfolgende Bilder einer Hochgeschwindigkeitsaufnahme, aufgenommen mit 240 Bildern pro Sekunde

Experiment 42: Ein Bruchtest für Unerschrockene!

Nachdem die ersten Experimente dieses Kapitels zunächst statisch erfolgten und dann mit noch recht geringer Durchführungsgeschwindigkeit, kommt es bei diesem Versuch nun tatsächlich auf Schnelligkeit an! Wir legen eine 2 m lange Fichtenholzleiste auf den Rand zweier mit Rotwein befüllter Weingläser (Abb. 7.24a), platzieren uns in der Mitte, holen mit einem Stab oder mit einem Baseballschläger weit aus und schlagen mit möglichst hoher Geschwindigkeit auf das Zentrum der Leiste. Intuitiv würde man vermuten, dass sich der gesamte Stab infolge des Kraftstoßes nach unten bewegen wird (vgl. Infokasten zum Experiment 2). Wie die Einzelbilder eines Hochgeschwindigkeitsvideos jedoch zeigen, heben sich die Stabenden ohne merkliche Verzögerung mit der Verformung des Zentrums von den Gläsern ab (Abb. 7.24b)! So bleiben die Gläser stehen und mit etwas Glück wird nicht mal ein Tropfen Wein vergossen (Abb. 7.24c–d).

Um diese Beobachtung zu verstehen, stellen wir uns die Holzlatte vereinfacht bestehend aus zwei Hälften vor, die mit einem Scharnier verbunden sind (Mamola, 1993). Durch den Schlag löst sich das Scharnier und die beiden Hälften fallen unter Einfluss der Gravitation nach unten. Der Kraftstoß führt dabei zum einen zu einer nach unten gerichteten Anfangsgeschwindigkeit der Schwerpunkte (SP) beider Hälften, zusätzlich jedoch auch zu einer Rotationsbewegung um deren Massenzentren (Abb. 7.25). Diese Drehbewegung ist die Ursache für das Abheben der Stabenden vom Glasrand.

In der Realität ist die Situation etwas schwieriger, da die beiden Hälften zunächst fest miteinander verbunden sind und es erst durch die zu starke Deformierung des Stabes zum Bruch kommt. Der Kraftstoß auf das Stabzentrum führt zu einer starken Auslenkung an dieser Stelle. Wie bei einem ins Wasser geworfenen Stein breitet sich in der Holzleiste eine Welle aus, die

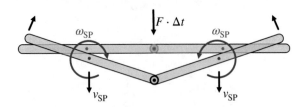

Abb. 7.25 Scharniermodell der brechenden Holzleiste

Abb. 7.26 Die Holzleiste hebt zwar zunächst vom Glasrand ab (oben rechts), wird dann aber insgesamt aufgrund des ausbleibenden Bruchs im Zentrum nach unten beschleunigt

bei einer Länge von 2 m und einer Ausbreitungsgeschwindigkeit in Fichtenholz von rund 2900 m/s (vgl. Infokasten) bereits nach etwa 0,35 ms die Stabenden erreicht. Würden die Enden nach dieser Zeit noch auf dem Glasrand aufliegen bzw. noch nicht weit genug davon entfernt sein, würde die Schwingung der Stabenden die Gläser zerstören. Um dies zu vermeiden, muss das Experiment unbedingt mit möglichst großer Schlaggeschwindigkeit erfolgen. Sind Sie zu zögerlich, werden Sie zwangsläufig einen Besen zum Zusammenkehren der Scherben benötigen!

Das Experiment bedarf durchaus etwas Übung, sodass Sie dieses vor einem Showversuch zunächst im stillen Kämmerlein oder noch besser in Ihrem Garten proben sollten. Außerdem können Sie durch verschiedene Maßnahmen die Erfolgschancen deutlich steigern: 1) Schlagen Sie zunächst an den Stabenden jeweils einen Nagel in Längsrichtung ein und legen Sie den Stab mit den Nägeln auf den Glasrändern auf; bei einer horizontalen Kraftwirkung kann der Stab dann über den Glasrand gleiten und ein Kippen des Glases wird vermieden. 2) Legen Sie unter die Gläser ein dünnes Schwammtuch (am besten für Ihr Publikum nicht sichtbar unter die Tischdecke), das zumindest eine kleine Auslenkung abfedern kann. 3) Verwenden Sie sprödes Material, das möglichst leicht bricht. Beispielsweise können Sie sich aus einer Spanplatte eine Leiste zusägen. Wenn Sie diese Punkte beachten, kann bei dem Experiment eigentlich nichts schiefgehen. Wir haben diese Empfehlungen nicht berücksichtigt, wodurch bei mehreren Versuchswiederholungen auch das eine oder andere Glas zu Bruch ging (Abb. 7.26). Wegen herumfliegender Glas- und Holzsplitter sollten Sie bei diesem Experiment unbedingt eine Schutzbrille tragen.

Abschließend möchten wir noch auf einen interessanten Effekt hinweisen, der bei diesem Versuch zusätzlich beobachtet werden kann: Der sich ausbreitende Impuls wird an den Stabenden reflektiert und es kommt zur Überlagerung einer hin- und rücklaufenden Welle. Analog zu schwingenden Luftsäulen (vgl. Infokasten Experiment 1) kommt es so auch bei schwingenden Stäben zur Ausbildung einer stehenden Welle. Diese können Sie deutlich in Abb. 7.24b erkennen, in der maximale Auslenkungen im Zentrum und an den Stabenden vorhanden sind (Schwingungsbäuche). Zusätzlich sehen Sie zwei Bereiche, in denen der Stab näherungsweise in Ruhe bleibt (Schwingungsknoten).

Schallgeschwindigkeit in Festkörpern

Schall kann sich in Festkörpern als Longitudinal- oder als Transversalwelle ausbreiten. Im longitudinalen Fall schwingen die Teilchen parallel zur Ausbreitungsrichtung, im transversalen senkrecht dazu. Die durch den Schlag angeregte Biegeschwingung führt zu einer Transversalwelle, deren Ausbreitungsgeschwindigkeit wie folgt berechnet werden kann (Lüders & von Oppen, 2008):

$$c_{tr} = \sqrt{\frac{E}{\rho} \frac{1}{2(1+\mu)}}$$

Der Elastizitätsmodul E und die Poisson-Zahl μ sind Kenngrößen aus der Festigkeitslehre und liegen für Fichtenholz bei $E = 11 \cdot 10^9$ N/m^2 bzw. $\mu = 0{,}4$. Mit einer Rohdichte von 470 kg/m^3 erhält man nach Einsetzen der Zahlenwerte die transversale Schallgeschwindigkeit zu ca. 2900 m/s.

8

Ausgetrunken? Experimentieren mit Restalkohol

Die letzten acht Experimente sind unser Angebot für ein „physikalisch betreutes Aufräumen". Dass es soweit ist, werden Sie kaum an der „Weinuhr" ablesen, diese bringt uns aber zu anderen Erkenntnissen. Wenn Flaschen und Gläser geleert sind, wird es Zeit für letzte Wahrheiten. Zu diesen gehört auch die Antwort auf die Frage, wie es um die eigene Fahrtüchtigkeit steht. Die Bestimmung des Blutalkoholwertes überlassen wir nicht ausschließlich der Polizei. Wir messen das selbst! Im Verlauf der Experimentalweinprobe sind Korken in die Flasche geraten? Die bekommen wir wieder raus. Versprochen! Und wenn Ihnen nach all den Experimenten nun immer noch der Sinn nach „Action" steht, dann freuen wir uns natürlich und empfehlen das Abräumen in unkonventioneller Reihenfolge. Und ganz zum Schluss bleibt uns dann nur noch, das letzte Kerzenlicht zu löschen – natürlich nicht ohne physikalische Hintergedanken!

Ein Versuch mit dem letzten Schluck

Experiment 43: Die paradoxe Weinuhr

Kurz bevor alle Flaschen vollständig geleert sind, sollten Sie den letzten Schluck Rotwein des Abends unbedingt für ein weiteres Experiment reservieren. Neben diesem letzten Rest werden lediglich zwei gleiche Schnaps-

---

Die Originalversion dieses Kapitels wurde revidiert. Ein Erratum ist verfügbar unter
https://doi.org/10.1007/978-3-662-62888-1_9

L. Kasper und P. Vogt, *Physik mit Barrique*, https://doi.org/10.1007/978-3-662-62888-1_8

gläser (zu späterer Stunde finden Sie diese möglicherweise ohnehin auf Ihrem Tisch vor), etwas Leitungswasser von ungefähr gleicher Temperatur und ein Folienstück benötigt. Zunächst befüllen Sie die beiden Schnapsgläser bis zum Rand mit dem Rotwein bzw. Leitungswasser (Abb. 8.1) und stellen Ihren Gästen die folgende Aufgabe: Ohne die Verwendung eines dritten Gefäßes sollen die beiden Flüssigkeiten das Glas wechseln! Sofern das Experiment noch nicht bekannt ist, wird von den Anwesenden ganz sicher kein adäquater Lösungsvorschlag präsentiert werden und Sie können Ihre Tischgesellschaft mit dem Experiment ohne jeden Zweifel verblüffen.

Verschließen Sie zunächst das mit Wasser befüllte Glas durch Auflegen des Folienstücks. Wie wir bereits in Experiment 28 sehen konnten, hält das Glas nun auch im umgedrehten Zustand dicht (Abb. 5.3) und Sie können dieses sodann mit der Öffnung nach unten auf dem Rotweinglas aufsetzen (Abb. 8.2a). Jetzt ziehen Sie ganz leicht die Folie zur Seite, sodass sich an einer Stelle eine kleine Öffnung zwischen den Gläsern ergibt. Unmittelbar setzt eine Strömung ein, die den Wein in das obere Glas befördert (Abb. 8.2b). Das obere Glas ist aber vollständig mit Wasser befüllt, d. h.

Abb. 8.1 Vorbereitung des Experiments; eines der beiden Schnapsgläser wird vollständig mit Rotwein befüllt (**a**), das andere mit Wasser (**b**)

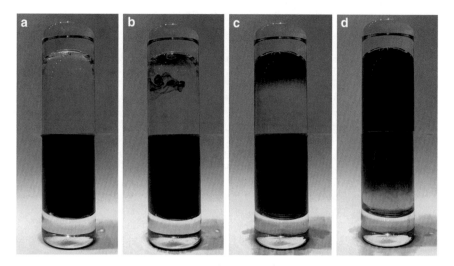

Abb. 8.2 Der leichtere Rotwein steigt durch die kleine Öffnung auf und tauscht mit dem Wasser seinen Platz

im Gegenzug muss Wasser in das untere Glas gelangen. Dies geschieht tatsächlich und kann bereits in Abb. 8.2c deutlich beobachtet werden; das ins Rotweinglas einströmende Wasser setzt sich am Glasboden ab. Nun braucht es lediglich etwas Zeit, bis ein Großteil der Flüssigkeiten seine Position und somit das Glas getauscht hat. In Abb. 8.2d befindet sich zwar noch etwas Rotwein im unteren Glas, das obere ist aber bereits schon durchgehend tiefrot gefärbt. Das Experiment erinnert an eine Sanduhr, wobei unsere „Weinuhr" durchaus paradox erscheinen mag. Wie nämlich ist es möglich, dass sich der Rotwein entgegen der Gravitationskraft bewegt?

Die Dichte von Alkohol ist mit 789 kg/m³ deutlich geringer als die des Wassers mit 998 kg/m³. Diese Werte beziehen sich auf eine Temperatur von 20 °C und führen bei einem Rotwein mit 13 Vol.-% zu einem gewichteten Mittelwert von 972 kg/m³. Aufgrund weiterer Inhaltsstoffe ist die tatsächliche Dichte zwar höher, aber dennoch kleiner als die des Wassers. Dieser Dichteunterschied führt zum Einsetzen einer freien Konvektion (vgl. Infokasten) und somit zum Austausch der Flüssigkeiten. An den Glaswänden ist die Strömungsgeschwindigkeit aufgrund der Adhäsion (vgl. Infokasten 39) deutlich geringer, was im mittleren Teil des Rotweinglases an der geringen Farbintensität zu erkennen ist; am Rand befindet sich noch etwas Rotwein, wogegen in der Glasmitte bereits vorwiegend Wasser vorhanden sein muss. Nur so kann die bereits vollständige Färbung des oberen Glases erklärt werden (Abb. 8.2d).

Freie und erzwungene Konvektion

Befindet sich ein Fluid (Gas oder Flüssigkeit) mit unterschiedlichen Dichten in einem Schwerefeld (z. B. im Gravitationsfeld der Erde), so setzt infolge der wirkenden Auftriebskraft eine Strömung ein, welche das Fluid mit kleinerer Dichte nach oben befördert. Wirken neben der Auftriebskraft keine weiteren Kräfte, so spricht man von einer *natürlichen* oder *freien Konvektion.* Die unterschiedlichen Dichten beruhen meist auf Temperaturunterschieden oder auf unterschiedlichen Stoffen. Letzterer Fall, der auch im beschriebenen Experiment vorliegt, wird *chemische Konvektion* genannt. Beispiele für freie Konvektionen im Alltag sind z. B. Thermiken (Aufwinde infolge der stärkeren Erwärmung bodennaher Luftschichten) oder auch der Golfstrom. Dieser transportiert warmes Oberflächenwasser aus der Karibik an die nordeuropäischen Küsten. Sein wesentlicher Antriebsmotor sind – neben einem zunehmenden Salzgehalt – polare Eismassen, unter denen kaltes und damit relativ dichtes Wasser von der Oberfläche zum Meeresgrund absinkt. Es kommt zu einer Zirkulation, die sich bis zum Golf von Mexiko erstreckt (Abb. 8.3).

Wird die Strömung durch eine äußere Kraft hervorgerufen (z. B. von einer Pumpe), so spricht man von einer *erzwungenen Konvektion.* Teilweise treffen beide Formen zusammen, u. a. bei der Heizung eines Wohnhauses. Bereits die Erwärmung des Heizwassers setzt eine natürliche Konvektion in Gang, mit der die Heizkörper des gesamten Hauses versorgt werden könnten. Die Strömung wird jedoch zusätzlich mit einer Pumpe verstärkt. Das Verhältnis zwischen freier und erzwungener Konvektion kann mit der *Archimedes-Zahl* beschrieben werden.

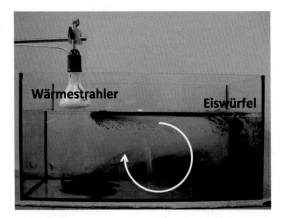

Abb. 8.3 Analogieexperiment zum Golfstrom; das an den Eiswürfeln abgekühlte Wasser sinkt ab, warmes Oberflächenwasser strömt von links nach. Es kommt zu einer Zirkulation, die in dem Versuch durch Kaliumpermanganat sichtbar gemacht wurde

Pfeifen Sie mal! Akustischer Alkoholtest

Experiment 44: Warum Betrunkene höher pfeifen

Ist die Feier an ihrem Ende angelangt und möchten Sie sich auf den Heimweg begeben, so stellt sich die Frage, wer sich hinter das Steuer setzen sollte und wer allenfalls noch auf dem Rücksitz des Autos Platz nehmen darf. Um es ganz deutlich zu sagen: Natürlich sollten Sie diese Frage unbedingt bereits zu Beginn des Abends klären und der Chauffeur sollte sodann vollständig auf den Konsum von Alkohol verzichten! Umso besser funktioniert dann auch das folgende Experiment.

Hierzu benötigen Sie lediglich eine Pfeife, z. B. eine Schrillpfeife (Trillerpfeife ohne Kugel), eine Bootsmann- oder eine Hundepfeife (Abb. 8.4). Zunächst pustet eine nüchterne Person mit einer Blutalkoholkonzentration (BAK) von 0,0 g/l in die Pfeife und Sie bestimmen mit einer geeigneten App die Frequenz des Grundtons. Wie das geht und welche Apps dafür geeignet sind, haben wir bereits an anderer Stelle vorgestellt, z. B. bei den Experimenten 1 und 15. Die bestimmte Grundfrequenz wird notiert und mit der Tonhöhe verglichen, die sich bei anderen Partygästen einstellt. Sie werden feststellen, dass die Frequenz des Pfeiftons mit der Blutalkoholkonzentration zunimmt. Warum pfeifen aber Be- oder Angetrunkene höher als nüchterne Personen?

Die Ausbreitungsgeschwindigkeit c von Wellen erhält man durch Multiplikation der Wellenlänge λ mit der Frequenz f (vgl. Infokasten). Die Wellenlänge des Grundtons einer Pfeife hängt ausschließlich ab von deren

Abb. 8.4 Für das Experiment genutzte Hundepfeife

Geometrie und beträgt z. B. für ein einseitig verschlossenes Rohr das Vierfache der Rohrlänge (s. Experiment 18) bei einem beidseitig geöffneten Rohr der doppelten Rohrlänge. So einfach kann die Wellenlänge für die benutzte Hundepfeife nicht abgeschätzt werden, wir können diese aber unter Nutzung der gemessenen Grundfrequenz im nüchternen Zustand sehr einfach bestimmen. Es gilt:

$$\lambda = \frac{c}{f} = \frac{351\,\text{m/s}}{4094\,\text{Hz}} \approx 8{,}6\,\text{cm}$$

Berücksichtigt haben wir hier die Schallgeschwindigkeit in Luft bei 36 °C (Körpertemperatur), was strenggenommen nicht ganz korrekt ist. Durch die Atmung reagieren von den in Luft vorhandenen 21 Vol.-% Sauerstoff 4 Vol.-% zu CO_2, was allerdings nur einen sehr kleinen Einfluss auf die Schallgeschwindigkeit hat und daher getrost vernachlässigt werden kann. Die Wellenlänge des Grundtons der genutzten Pfeife liegt also bei 8,6 cm und ist aufgrund der eindeutigen Abhängigkeit von der Pfeifengeometrie konstant. Eine Änderung der Pfeiffrequenz kann also nur durch eine geänderte Schallgeschwindigkeit des die Pfeife durchströmenden Gases verursacht werden. Umstellen der Gleichung nach der Frequenz führt auf:

$$f = \frac{c}{8{,}6\,\text{cm}}$$

Aus der Zunahme der Pfeiffrequenz mit dem Alkoholkonsum können wir somit folgern, dass die Schallgeschwindigkeit der ausgeatmeten Luft mit der Blutalkoholkonzentration zunimmt. Dies kann nur damit erklärt werden, dass die Schallgeschwindigkeit von Ethanoldampf – sein Anteil in der ausgeatmeten Luft nimmt mit der BAK zu – größer ist als die Schallgeschwindigkeit von Luft.

Um die Abhängigkeit der Pfeiffrequenz von der BAK genauer zu prüfen, haben wir folgendes Experiment durchgeführt: Eine Testperson trank im Zeitraum von 3,5 h in gleichmäßigem Tempo und ausschließlich zu wissenschaftlichen Zwecken sechs Halbe (0,5 l Bier). Nach jedem Bier wurde die Frequenz des Grundtons 3-mal bestimmt und der Mittelwert gebildet. Zusätzlich erfolgte jeweils die Messung der BAK mit einem handelsüblichen digitalen Atemalkoholtester. Das Ergebnis der Messreihe zeigt Abb. 8.5. Wie bereits erläutert, nimmt die Frequenz mit der Blutalkoholkonzentration zu, wobei die lineare Regression ein Bestimmtheitsmaß von 0,75 und die folgende Abhängigkeit liefert:

$$f = \underbrace{106\,\text{Hz}}_{\approx 100\,\text{Hz}} \cdot BAK\,\frac{1}{\text{g}} + \underbrace{4125\,\text{Hz}}_{\approx f_0}$$

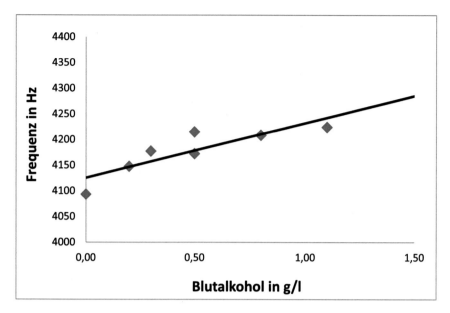

Abb. 8.5 Grundfrequenz der Pfeife in Abhängigkeit von der Blutalkohol-konzentration

Diese Beziehung führt auf eine erstaunlich einfache Faustformel:

$$BAK \approx \frac{\Delta f}{100\,\text{Hz}} \frac{\text{g}}{\text{l}}$$

Die Frequenzänderung in Hz dividiert durch 100 liefert die Blutalkohol-konzentration in g/l. In Wiederholungsversuchen konnte die Gleichung jedoch nicht exakt reproduziert werden, sodass Sie auch zukünftig in Verkehrskontrollen „pusten" und nicht „pfeifen" müssen!

Dennoch könnte das experimentelle Vorgehen im Kontext „Wein" sinnvoll genutzt werden. In den europäischen Weinanbaugebieten werden Gärgasunfälle aufgrund von Abgasanlagen und entsprechenden Warnsystemen immer seltener. In weniger fortschrittlichen Regionen wäre es aber möglich, über die Pfeiffrequenz einen kritischen CO_2-Anteil in der Luft zu identifizieren. Hierzu könnte eine App programmiert werden, in welcher die Pfeiffrequenz bei einer bestimmten Temperatur und normaler Luftzusammensetzung zu hinterlegen wäre. Nach dem Pfeifen im Weinkeller könnte die App dann über die veränderte Eigenfrequenz und unter Berücksichtigung der über den internen Smartphonesensor ausgelesenen Temperatur anzeigen, ob der CO_2-Gehalt in der Atemluft einen kritischen Wert übersteigt.

Entstehung und Ausbreitung von Schallwellen

Zur Ausbreitung von Schallwellen sind drei Voraussetzungen notwendig:
1. Man benötigt eine Vielzahl schwingungsfähiger Oszillatoren der gleichen Eigenfrequenz.
2. Die Oszillatoren müssen miteinander gekoppelt sein, d. h., es müssen Kräfte zwischen ihnen wirken können.
3. Mindestens ein Oszillator muss zum Schwingen angeregt werden.

Ein einfaches Modellexperiment hierzu können Sie mit Wäscheklammern selbst durchführen, die Sie an einem Geschenkband aufhängen (Abb. 8.6). Alle Wäscheklammern sind identisch und besitzen daher die gleiche Eigenfrequenz f bzw. Periodendauer T. Lenken Sie nun eine der Klammern aus, überträgt sich diese Energie an die nächste und eine Welle pflanzt sich fort. Völlig analog erfolgt die Ausbreitung von Schallwellen in Gasen oder in einem Festkörper – die einzelnen Oszillatoren sind dann die Moleküle des betrachteten Körpers. Auch grundlegende Begriffe und Berechnungsgleichungen kann das „Wäscheklammermodell" veranschaulichen: Der Abstand zweier Wäscheklammern im gleichen Schwingungszustand (gleiche Auslenkung und gleiche Bewegungsrichtung) entspricht der Wellenlänge λ. Um diese Strecke zu durchlaufen, benötigt die Welle gerade eine Periodendauer T ($T = \frac{1}{f}$), d. h., die Ausbreitungsgeschwindigkeit c ergibt sich zu:

$$c = \frac{\lambda}{T} = \lambda \cdot f$$

Dieser Zusammenhang gilt nicht nur für die betrachteten Wäscheklammern, sondern für jegliche Art der Wellenausbreitung und insbesondere auch für die Schallwellen in der beim Experiment genutzten Pfeife.

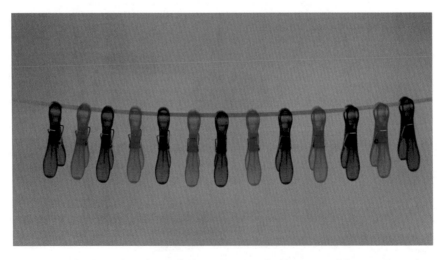

Abb. 8.6 Auslenken einer der aufgehängten Wäscheklammern führt zur Entstehung einer Welle

Wie kommt der Korken aus der leeren Flasche?

Experiment 45: Korkenbefreiung durch Reibung

Vielleicht haben Sie eine Weinflasche unkonventionell geöffnet, sodass der Korken im Innern der Flasche gelandet ist. Vielleicht ist auch das „richtige" Korkenziehen verunglückt und der halbe Korken ist in den Flaschenbauch gerutscht. Das könnte durch Umfüllen in ein Dekantiergefäß einfach behoben werden. Aber dennoch möchten Sie – weil Ihnen die Flasche gefällt oder weil Sie diese noch zum Experimentieren benötigen – den Korken wieder herausbekommen? Kein Problem! Das ist eine relativ gut lösbare Aufgabe.

Alles, was hierfür benötigt wird, ist eine kleine Plastiktüte oder auch ein strapazierfähiges Stofftaschentuch. Wie sollten Sie vorgehen?

Die Plastiktüte kann zusammengerollt und bis auf die Öffnung in die Flasche gesteckt werden. Bei Bedarf können Sie mit einem Kochlöffelstiel nachhelfen. Dann bringt man den Korken durch ein wenig Hin- und Herschütteln der Flasche in eine Position nahe dem Flaschenhals und so, dass er möglichst schon in richtiger Längsausrichtung zwischen Glaswand und Tüte liegt. Um den Korken in dieser Lage noch besser zu fixieren, wird etwas Luft in die Tüte geblasen (Abb. 8.7b). Im Falle der Nutzung eines Taschentuches versehen Sie den in die Flasche gesteckten Zipfel mit einem Knoten. Jetzt kann an der Tüte gezogen werden. Zunächst noch etwas behutsam, bis man den Korken am Eingang des Flaschenhalses mit der Tüte „zu packen" bekommt. Dann kräftig ziehen und … raus ist der Korken!

Wie kann das so einfach gelingen? Erscheint nicht der Versuch eigentlich aussichtslos, da sich auf diese Weise neben dem ohnehin sehr straff sitzenden Korken nun auch noch zusätzliches Tütenmaterial durch den Flaschenhals zwängen muss? Umso erstaunlicher ist die sehr gute Erfolgsquote dieser Methode. Die physikalische Erklärung liegt im Phänomen der Reibung. Genau genommen haben wir es hier sowohl mit der Haftreibung als auch mit der Gleitreibung zu tun (vgl. Infokasten).

Reibung ist – und das lässt sich mit gutem Gewissen behaupten – lebenswichtig. Gäbe es sie nicht, und das ist nur ein Beispiel unter sehr vielen, kämen wir Menschen im Alltag nicht vom Fleck; weder zu Fuß noch mit Fahrzeugen. Schuhsohlen würden widerstandslos gleiten und Fahrzeugreifen „durchdrehen". Natürlich würden auch Korken nicht in Weinflaschen halten! Dass sie so fest im Flaschenhals sitzen und damit den Wein vor dem Verderben schützen, liegt zunächst an der *Haftreibung* zwischen dem Korkmaterial und dem Glas der Flasche. Beginnt sich der Korken beim

Abb. 8.7 Eine Tüte befördert den Korken fast mühelos aus der leeren Flasche

Korkenziehen zu bewegen, ist die Haftreibung zwar überwunden. Dann stellt sich aber immer noch die *Gleitreibung* dem allzu leichten Herausziehen entgegen.

Die Reibung zwischen zwei Körpern hängt einerseits von der Kraft ab, mit der die beiden Reibungspartner aufeinander einwirken. Im Alltag ist oft die Gewichtskraft ursächlich – z. B. übt die Kufe eines Schlittschuhs auf das Eis eine Kraft aus, die der Gewichtskraft der über ihr stehenden Person entspricht.

Außerdem hängen sowohl die Haft- als auch die Gleitreibung von sogenannten Reibungskoeffizienten ab. Diese sind materialspezifisch. Und genau hier kommt jetzt der Trick mit der Tüte ins Spiel: Befinden sich Korken und Tüte in der richtigen Position in der Flasche, dann ist der Korken zu einem Teil von der Plastiktüte umfangen, ein weiterer Teil der Mantelfläche des Korkens ist mit dem Glas des Flaschenhalses in engem Kontakt. Wird nun an der Tüte gezogen, wirken drei verschiedene Haftreibungskräfte dem Versuch des Herausziehens entgegen. Es gibt an den jeweiligen Berührungsstellen Reibung sowohl zwischen Kork und Plastik als auch zwischen Plastik und Glas sowie zwischen Kork und Glas. Die jeweils wirkenden Normalkräfte sind in allen Fällen gleich, jedoch unterscheiden sich die Haftreibungskoeffizienten. Die zu überwindende Reibung zwischen Plastik und Korkmaterial ist dabei deutlich am größten. Der Korken bleibt somit an der Tüte „kleben" und wird mit dieser herausgezogen. Die Verhältnisse sind bei der Gleitreibung ganz analog.

Haft- und Gleitreibung

Die Reibungskraft zwischen zwei Körpern ist proportional zur Normalkraft F_N, mit der ein Körper auf seine Unterlage einwirkt. Der Proportionalitätsfaktor heißt *Reibungskoeffizient μ*. Damit kann die Reibungskraft F_R angegeben werden:

$$F_R = \mu \cdot F_N$$

Der Reibungskoeffizient ist dimensionslos und hängt ab von der Kombination der Materialarten sowie von deren Beschaffenheit (z. B. Rauigkeit).

Im statischen Fall wirkt die *Haftreibungskraft F_{HR}* der Kraft entgegen, die den Körper in Bewegung zu setzen versucht. Setzt sich der Körper auf seiner Auflage in Bewegung, dann wirkt die *Gleitreibungskraft F_{GR}* dieser Bewegung entgegen. Für beide Reibungsarten unterscheiden sich die Reibungskoeffizienten:

$$F_{HR} = \mu_{HR} \cdot F_N \text{ sowie } F_{GR} = \mu_{GR} \cdot F_N$$

Dabei ist für dieselbe Materialkombination der Koeffizient der Gleitreibung stets kleiner als der Koeffizient der Haftreibung. Für die Gleitreibung gilt, dass sie nahezu unabhängig von der Geschwindigkeit des auf der Unterlage gleitenden Körpers ist. Gleitreibung ist immer mit einer thermischen Umwandlung von kinetischer Energie verbunden.

Wie groß ist nun eigentlich der Reibungskoeffizient zwischen Kork und Glas? Abb. 8.8a gibt uns dabei schon den entscheidenden experimentellen Hinweis: Auf einen Körper mit Korkbeschichtung auf der Unterseite und der bekannten Masse m wird eine Zugkraft F_{zug} ausgeübt. Die Zugkraft, die gerade ausreicht, den Körper in Bewegung zu versetzen, überwindet damit auch gerade die Haftreibungskraft F_{HR}. Diese Kraft kann mit einem Federkraftmesser bestimmt werden (Abb. 8.9). Die Normalkraft F_N ergibt sich aus

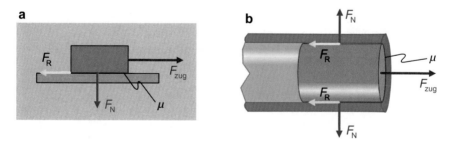

Abb. 8.8 Reibungskraft zwischen zwei Körpern allgemein (**a**) und für den Fall eines Flaschenkorkens (**b**)

der gemessenen Masse: $F_N = m \cdot g$. Mit der Gleichung für die Reibungskraft (vgl. Infokasten) kann dann der Reibungskoeffizient bestimmt werden.

$$\mu_{HR} = \frac{F_{HR}}{F_N}$$

Die Bestimmung des Gleitreibungskoeffizienten verläuft analog. Die Zugkraft, die dann zur Aufrechterhaltung einer konstanten Gleitgeschwindigkeit erforderlich ist, ist F_{GR}.

Aus unseren Messungen ergeben sich für die Kombination Kork-Glas die folgenden Werte: Haftreibungskoeffizient $\mu_{HR} = 0{,}70$; Gleitreibungskoeffizient $\mu_{GR} = 0{,}63$. Diese Werte sind im Vergleich zu Reibungskoeffizienten für andere Materialkombinationen relativ groß und liegen in der Größenordnung der Reibungszahlen von Gummireifen auf Asphalt. In beiden Fällen sind große Reibungszahlen erwünscht. Schließlich soll der Korken fest sitzen! Zum Vergleich ein Fall, bei dem die Reibung möglichst klein werden soll: Die Stahlkufe eines Schlittschuhs hat auf Eis einen Haftreibungskoeffizienten von etwa 0,03 und einen Gleitreibungskoeffizienten von etwa 0,01.

Die Reibung mit Glas ist dabei nicht der einzige Vorteil dieses Naturmaterials. Auch wenn Kork heute deutlich weniger in Gebrauch ist – was macht ihn so einzigartig?

Seine besonderen physikalischen Eigenschaften sind eine geringe Dichte – das macht Kork als Baumaterial sehr leicht – und seine schlechte Wärmeleit-

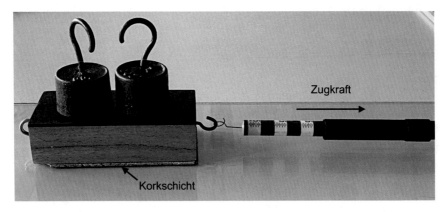

Abb. 8.9 Bestimmung der Reibungskoeffizienten für Kork-Glas in einem einfachen Experiment

fähigkeit, was ihn als Isolationsbaustoff oder für Fußbodenbeläge so attraktiv macht.

Speziell für die Funktion als Flaschenverschluss kann Kork aber noch mit anderen Eigenschaften glänzen (Abb. 8.10): Der Zellaufbau von Kork mit seinen elastischen Membranen lässt ihn flexibel auf Druck reagieren und stellt nach der Krafteinwirkung seine ursprüngliche Form wieder her. Kork enthält nämlich das in seinen Zellen eingelagerte natürliche Polymer *Suberin* (*Quercus suber* ist die Korkeiche). Kork hält damit auch eine natürliche und dichte Barriere für Feuchtigkeit und Flüssigkeiten bereit. Das gilt in eingeschränktem Maß sogar für Gase. Eingeschränkt deshalb, weil es einigen Gasmolekülen der Luft gelingt, die Korkbarriere doch zu überwinden. Das ist übrigens der Grund dafür, dass Weine durch sehr geringe, aber über die Monate oder sogar Jahre stetige Sauerstoffzufuhr auch in mit Korken verschlossenen Flaschen weiter reifen und natürlich auch verderben können. Darüber hinaus ist Kork antimikrobiell, weshalb Sie sicher noch keinen Schimmel an Flaschenkorken entdeckt haben.

Und abschließend kommen wir noch einmal auf die Reibung zurück. Kork gilt als ein widerstandsfähiger „Reibepartner". Das heißt, er verschleißt weniger und langsamer als andere Materialen. Das spricht eigentlich dafür, ihn mehrfach zu verwenden. In Chemielaboren oder Apotheken waren vor dem Aufkommen von Silikonstopfen tatsächlich auch Korkstopfen lange Zeit ein Standardmaterial.

Abb. 8.10 Naturstoff „Kork"

Im nächsten Experiment gehen wir dasselbe Problem des in der Flasche gefangenen Korkens noch einmal an – mit einem gänzlich anderen Ansatz.

Experiment 46: Korkenbefreiung durch Auftrieb

Zugegeben, diese Variante ist etwas aufwendiger, aus physikalischer Sicht aber nicht weniger interessant und ebenfalls als Partytrick geeignet. Um den Korken aus der bereits geleerten Flasche zu entfernen (Abb. 8.11a), muss diese zunächst mit Wasser bis zur Öffnung befüllt werden. Nun verschließen wir mit einem Finger die Flasche und neigen diese so, dass der Korken in aufrechter Position bis zum Flaschenhals schwimmt. Nach dem Hinstellen der Flasche kommt der eigentliche Trick: Ein zweiter Korken wird mit viel Kraft in den Flaschenhals gedrückt (Abb. 8.11b), aber nur soweit, dass er noch mühelos ohne Korkenzieher mit der Hand gezogen werden kann. Daraufhin schwimmt der Korken wie von Geisterhand ein Stück in den Flaschenhals hinein. Der zweite Korken wird gezogen, die Flasche mit Wasser nachbefüllt und der Vorgang so lange wiederholt, bis der untere Korken fest im Flaschenhals sitzt (Abb. 8.11c). Nun kann der Korken ganz konventionell mit einem Korkenzieher entfernt und die Flasche geleert werden (Abb. 8.11d).

Warum aber bewegt sich der Korken während des Drückens in den engen Flaschenhals? Ursache hierfür ist die Inkompressibilität des Wassers sowie die geringere Dichte von Kork. Infolge der Kraftwirkung mit Korken 2

Abb. 8.11 Der Korken wird unter Ausnutzung der Auftriebskraft aus dem Flaschenbauch entfernt (**a–d**)

erhöht sich der Druck in der Flüssigkeit. Das Wasser selbst lässt sich nicht zusammenpressen, Korken 1 aufgrund von Lufteinschlüssen aber sehr wohl. Wenn wir Korken 2 mit dem Volumen ΔV in den Flaschenhals pressen, muss zwangsläufig das Volumen von Korken 1 um genau diesen Betrag abnehmen. Wird sein Durchmesser kleiner als der des Flaschenhalses, steigt er durch die an ihm angreifende Auftriebskraft auf. Verringern wir jetzt durch Herausziehen von Korken 2 den Druck in der Flüssigkeit, dehnt sich Korken 1 wieder aus und drückt seinerseits gegen den Flaschenhals. Er bleibt so in der eingenommenen Position.

Archimedisches Prinzip

Jeder Körper, der sich ganz oder auch nur teilweise in einem Fluid (Gas oder Flüssigkeit) mit der Dichte ρ_{Fl} befindet, erfährt eine nach oben gerichtete *Auftriebskraft* F_A. Diese entspricht der Gewichtskraft des vom Körper verdrängten Fluidvolumens V_{ver} (Archimedisches Prinzip) und beträgt somit

$$F_A = \rho_{Fl} \cdot V_{ver} \cdot g$$

(*g:* Erdbeschleunigung). Ursache der Auftriebskraft ist der mit der Tiefe zunehmende Schweredruck des Fluids (vgl. Infokasten des Experiments 36). Auf den eingetauchten Körper, den wir vereinfacht als Würfel annehmen (Abb. 8.12), wirken von allen Seiten Kräfte infolge des vorhandenen Drucks. Die seitlich angreifenden Kräfte F_a und F_b sind von gleichem Betrag und kompensieren sich einander. Anders jedoch die Kräfte F_c und F_d, die an der Ober- bzw. Unterseite des Körpers angreifen: Aufgrund des größeren Drucks an der Unterseite ist die nach oben gerichtete Kraft größer, sodass die Resultierende ebenfalls nach oben zeigt.

Die Auftriebskraft F_A entspricht der Differenz $F_d - F_c$. Mit der Definition des Drucks $p = \frac{F}{A}$ (vgl. Infokasten des Experiments 3) folgt

$$F_A = A \cdot (p_d - p_c) = A \cdot \rho_{Fl} \cdot g \cdot (h_d - h_c)$$

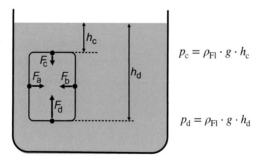

$$p_c = \rho_{Fl} \cdot g \cdot h_c$$

$$p_d = \rho_{Fl} \cdot g \cdot h_d$$

Abb. 8.12 Herleitung der Auftriebskraft

und, da $A \cdot (h_d - h_c)$ gerade dem verdrängten Volumen entspricht,

$$F_A = \rho_{FI} \cdot V_{ver} \cdot g = m_{ver} \cdot g.$$

Es ist übrigens eine weit verbreitete Fehlvorstellung, dass ein sinkender Gegenstand, z. B. ein Stein auf dem Grund eines Sees, keine Auftriebskraft erfährt. Ob ein Körper sinkt, schwebt oder schwimmt, hängt davon ab, ob die auf ihn wirkende Auftriebs- oder Gewichtskraft überwiegt. Es gelten die folgenden Bedingungen:

Sinken	$F_G > F_A$	$\rho_{FI} < \rho_K$
Schweben	$F_G = F_A$	$\rho_{FI} = \rho_K$
Schwimmen	$F_G < F_A$	$\rho_{FI} > \rho_K$

Kennt der Korken die Schwerkraft nicht?

Experiment 47: Paradoxer Korken im Wasserglas

Der im letzten Experiment aus der leeren Weinflasche geborgene Korken kann uns nun noch für die Betrachtung eines scheinbar paradoxen Verhaltens hilfreich sein. Füllen wir ein Glas nicht randvoll mit Wasser und setzen den Korken hinein, dann beobachten wir, dass er stets zum Rand strebt. Der Korken wiederholt das Verhalten auch dann, wenn wir versuchen, ihn vom Rand in eine mittlere Position zu schieben. Woher kommt dieses Streben zum Rand?

Der im Verlauf unserer Weinprobe geschärfte „physikalische Blick" hilft hier weiter. Um den Effekt auch noch etwas deutlicher zu zeigen, kann vom Korken eine Scheibe abgeschnitten werden, die dann flach auf dem Wasser schwimmt. Eine genaue Beobachtung enthüllt, dass die Korkscheibe nicht nur zum Glasrand strebt, sondern sich dabei auch „bergauf" bewegt (Abb. 8.13a). Die Wasseroberfläche schmiegt sich sichtbar an den Innenrand des Glases an und bildet somit eine Steigung. Die *hydrophile*, also „wasserliebende" Eigenschaft des Glases haben wir noch im Zusammenhang mit

Abb. 8.13 Schwimmende Korkscheibe; im nicht randvollen (**a**) und im „übervollen"
Glas (**b**)

dem Bekleckern des Tischtuches beim Einschenken in unguter Erinnerung
(s. Experiment 27). Im Glas sorgt diese Eigenschaft für eine konkave
Wölbung der Wasseroberfläche. Das aber bedeutet, dass der Korken auf dem
Weg zum Glasrand bergauf steigt. Weiß er denn nichts von der Schwerkraft?

Oh doch, er weiß es sogar recht gut. Die viel größere Schwerkraft, die
auf das den Korken umgebende Wasser wirkt, ist es schließlich, die zum
Auftrieb des Korkens führt und die sein scheinbar paradoxes Verhalten
begründet. Das Wasser mit seiner viel größeren Dichte (Faktor 6,7) ist es,
das den Korken nach oben treibt (vgl. Infokasten „Archimedisches Prinzip",
Experiment 46).

Was wäre, wenn die Wasseroberfläche konvex, also nach oben gewölbt
wäre? Dann sollte der Korken wieder nach oben und somit zur Glasmitte
streben. Diese Vermutung können wir tatsächlich relativ einfach überprüfen,
indem wir das Glas randvoll und danach vorsichtig noch solange weiter mit
Wasser auffüllen, bis sich die Oberfläche tatsächlich nach oben wölbt. Die
bisher am Glasrand „klebende" Korkscheibe löst sich, sobald die Wölbung
nach oben entsteht, und bewegt sich – wiederum bergauf schwimmend – in
eine ungefähr mittige Position (Abb. 8.13b).

Oberflächenspannung und Meniskus von Wasser in Glasgefäßen

Ein nicht randvoll mit Wasser gefülltes Glas zeigt am Rand eine konkav
gewölbte Oberfläche. Wasser „benetzt" Glas (vgl. Infokasten zu Experiment
27). Das heißt, die anziehenden *Adhäsionskräfte* (zwischen Glas- und Wassermolekülen) sind größer als die anziehenden *Kohäsionskräfte* zwischen den
Wassermolekülen untereinander. Das Wasser steigt an der Berührungsstelle

zum Glas etwas auf. Die Oberfläche bildet einen *Meniskus*. Dieser Meniskus ist beim Ablesen von Skalierungen z. B. an Messgefäßen zu berücksichtigen.

Wird das Glas randvoll und darüber hinaus weiter gefüllt, ist es möglich, eine konvexe Oberfläche (einen „Wasserberg") zu erzeugen. Dieses Phänomen kann mit der Oberflächenspannung des Wassers (vgl. Infokasten zu Experiment 28) erklärt werden. Die anziehenden Kohäsionskräfte zwischen den Wassermolekülen wirken parallel bzw. tangential zur Grenzfläche zwischen Wasser und Luft. Als Modell kann man sich die Wasseroberfläche als eine „Membran" vorstellen, die auch kleinen Belastungen (den Korken im Experiment oder Wasserläufern in der Natur) standhält.

Die aufgewölbte Oberfläche in dem Korkenversuch gelingt übrigens mit Wasser besser als mit Wein oder gar hochprozentigen Getränken. Zum Vergleich die Werte der Oberflächenspannung σ (Angaben für 20 °C): Wasser: 0,073 N/m; Ethanol: 0,023 N/m.

Wer zahlt die Rechnung? Ein Versuch à la Otto von Guericke …

Am Ende einer noch so netten und weinseligen Runde ist manchmal noch die Frage zu klären, wer für die Zeche aufkommt. Hier kann in zweifacher Hinsicht eine Beschäftigung mit dem innovativen und vielseitigen *Otto von Guericke* (1602–1686) helfen: einerseits natürlich wegen seiner Qualitäten als Physiker und Wissenschaftsentertainer, andererseits aber auch wegen seiner Fähigkeiten als Magdeburger Bürgermeister und Stadtkämmerer. Wenn auch der Hauptantrieb seiner naturwissenschaftlichen Beschäftigungen eher philosophische Betrachtungen waren, gelang es ihm gelegentlich, Wissenschaft und finanzielle Zuwendung durch Dritte miteinander zu verbinden. So konnte er nach einer überzeugenden Inszenierung seiner neuartigen Luftdruck- und Vakuumexperimente vor Kaiser und Fürsten 1654 auf dem Reichstag zu Regensburg einen Teil seiner Experimentiergeräte an den begeisterten Kurfürsten von Mainz verkaufen. Gemeint waren neben den Geräten wohl auch – vielleicht sogar vor allem – die experimentellen Ideen Guerickes.

Und diese Ideen hatten es durchaus in sich. Es ging um nichts weniger als die Erklärung aller dem *horror vacui* (der Abneigung der Natur gegen das Leere) zugeschriebenen Erscheinungen durch den Luftdruck. Die dafür eigentlich bedeutsamste Leistung *Guerickes* bestand zunächst in der Konstruktion seiner Luftpumpe, mit der er nach zunächst erfolglosem Versuch mit einem Holzfass aus Metallgefäßen die Luft abpumpen konnte.

Daraufhin ist eine der experimentellen Ideen unter dem Namen „Magdeburger Halbkugeln" weltberühmt geworden. *Otto von Guericke* hat sie mehrfach und stets sehr publikumswirksam vorgeführt. Mithilfe einer ebenfalls von ihm entwickelten Pumpe entfernte er die Luft aus zwei mit einem Dichtring aneinander gelegten metallenen Hohlkugelhälften. Diese hatten den Durchmesser einer *Magdeburger Elle,* was ungefähr 42 cm entspricht (später unternahm von Guericke auch noch weitere Versuche mit Kugeln größerer Durchmesser bis zu 60 cm). Nach dem Abpumpen der Luft konnten die beiden Hälften – wenn überhaupt – erst mit der Kraft von zweimal acht gegeneinander ziehenden Pferden auseinandergerissen werden, was dann mit einem lauten Knall geschah. Das hat die zuschauende Menge damals beeindruckt und rekonstruierte Versuchsdurchführungen sind auch heute immer wieder spektakulär und begeistern das Publikum.

Eine kleine Anmerkung sei hier noch zum Magdeburger Kugelversuch gestattet. *Otto von Guericke* hat bei seinen Schauversuchen bis zu 16 Pferde schuften lassen (Abb. 8.14). Das macht natürlich etwas her! Vermutlich

Abb. 8.14 Otto von Guericke: Experimenta nova (ut vocantur) Magdeburgica de vacuo spatio. (Stich von Caspar Schott, 1672)

wusste er es: Die Hälfte hätte es aus physikalischer Sicht auch getan! Hätte man die eine Kugelhälfte an einem stabilen Punkt eines Gebäudes oder an einem mächtigen Baum fixiert, hätte man sich glatt acht Pferde sparen können, die diese Rolle eines „Gegenlagers" übernommen haben. Aber es wäre nur halb so spektakulär gewesen!

Experiment 48: Neue „Magdeburger Weingläser"

Mit ein wenig Bescheidenheit hinsichtlich der „Großgeräte" können wir diesen Versuch aber auch am Tisch durchführen. Wir benötigen dafür zwei der ausgetrunkenen Weingläser. Dabei ist es wichtig, dass es gleiche Weingläser sind und diese mit ihren Rändern genau aufeinanderpassen. Weiterhin fertigen wir den erforderlichen Dichtring aus dickem Löschpapier, indem aus diesem ein kreisförmiges Stück mit Loch ausgeschnitten wird. Eine Pumpe haben wir sicher nicht zur Hand, auch hätte diese wenig Sinn, entbehren die Weingläser doch jeglicher Ansaugstutzen. Den Druckunterschied zwischen dem Inneren der „Weinglaskugel" und dem Luftdruck erzeugen wir anders: Der vorbereitete Dichtring wird angefeuchtet und auf den Rand eines der beiden Gläser gelegt. In diesem Glas wird ein kleines Stück zusammengeknülltes Papier entzündet. Sehr gut eignet sich auch ein kleiner

Dichtring aus Bierdeckel oder Löschpapier zugeschnitten und in Wasser getränkt

brennender Wattebausch

Abb. 8.15 Rekonstruktion des Versuchs „Magdeburger Halbkugeln" mit Weingläsern

Wattebausch. Kurz darauf wird das zweite Glas umgekehrt und möglichst genau Rand auf Rand über das erste Glas gesetzt (Abb. 8.15).

Die sich nach dem Erlöschen der Flamme abkühlende Luft zieht sich zusammen, es entsteht gegenüber der Luft außerhalb der Gläser ein Unterdruck. Infolge dieser Druckdifferenz presst der äußere Luftdruck die beiden Gläser aneinander. Beide Kugelhälften lassen sich am Griff des oberen Glases anheben, ohne dass sie sich trennen. Somit können wir getrost von den „Magdeburger Weingläsern" sprechen. Das Prinzip ist genau das gleiche: Luft hat eine Masse – 1 l Luft immerhin etwa 1 g – und lastet an der Erdoberfläche in Meereshöhe auf uns mit dem Normwert von 1013 hPa. Das entspricht etwa 10 N pro cm².

Gelingt es in dem Versuch, so eine Druckdifferenz zu erzeugen, dass die auf die Öffnungsfläche bezogene Kraft die Gewichtskraft des hängenden Glases übersteigt, dann lassen sich die beiden Gläser aneinanderhaftend am oberen Glas anheben. Wie viele Pferde hierbei zur Trennung benötigt werden, bedarf allerdings noch einer empirischen Überprüfung …

Welche Kraft trennt die Magdeburger Halbkugeln?

Ausgehend von den sogenannten „großen Magdeburger Halbkugeln" der späteren Versuche mit einem Durchmesser von 60 cm und einem angenommenen idealen Vakuum sowie einem normalen Luftdruck von etwa 1000 hPa zum Zeitpunkt der Versuchsdurchführung lässt sich die maximal mögliche Kraft zur Trennung der Halbkugeln berechnen:

$$F = A \cdot \Delta p$$

Dabei ist zu beachten, dass nur die Kraftkomponente senkrecht zur kreisförmigen Fläche $A = \pi R^2$, die die Kugelhälften trennt, wirksam ist.

Für die Druckdifferenz Δp kann unter der oben gemachten Annahme der Atmosphärendruck p_{atm} eingesetzt werden. Damit ergibt sich:

$$F = \pi R^2 p_{atm} = \pi \cdot (0{,}3\,\text{m})^2 \cdot 10^5\,\frac{\text{N}}{\text{m}^2} \approx 28\,\text{kN}$$

Welche Druckdifferenz erreicht der „Magdeburger Weinglasversuch"?
Aus einem mit kleinen Gläsern erfolgreich durchgeführten Versuch, bei dem das untere Glas am oberen „haftete", kann als minimale Kraft die gemessene Gewichtskraft $F_G = 0{,}8$ N und der Öffnungsdurchmesser von 5 cm des Weinglases benutzt werden. Weiterhin wird auch hier wieder ein atmosphärischer Normaldruck von 1013 hPa angenommen. Damit erhalten wir:

$$\Delta p \geq \frac{F_G}{\pi R^2} = \frac{0{,}8\,\text{N}}{\pi\,(0{,}025\,\text{m})^2} = 407\,\frac{\text{N}}{\text{m}^2} \approx 400\,\text{Pa}$$

Der im Innern des „Magdeburger Doppelweinglases" durch Abkühlen erzielte Gasdruck beträgt somit höchstens:

$$p_{innen} \leq p_{atm} - \Delta p = 1013\,hPa - 400\,Pa = 1009\,hPa$$

Tischlein deck dich ... ab!

Experiment 49: Tischtuch weg in 0,1 s

Nach vielen Experimenten neigt sich nun die physikalische Weinprobe ihrem Ende zu. Die Flaschen und Gläser sind geleert, Sie liebe Leserinnen und Leser dafür gelehrt und es wird Zeit aufzuräumen. Können wir das nicht auch noch mit Physik verbinden? Und ob! Beginnen Sie das Abräumen des vollen Tisches doch einfach einmal mit dem Tischtuch. Das ist sicher unkonventionell, aber ganz bestimmt noch einmal ein belebendes Element am Ende eines Abends.

Wir haben es ausprobiert und können behaupten, das Tischtuch in weniger als einer Zehntelsekunde abgeräumt zu haben, ohne uns um die darauf befindlichen Gegenstände gekümmert zu haben. Abb. 8.16 zeigt eine Sequenz aus einer Hochgeschwindigkeitsaufnahme mit 240 fps. Das Entfernen des Tischtuches hat etwa 20 Einzelbilder beansprucht, woraus sich diese Zeit abschätzen lässt.

Die große Beschleunigung und die damit verbundene Entschlossenheit der Person, die am Tischtuch zieht, braucht es tatsächlich auch für den Erfolg. Üben Sie für dieses Experiment vorsichtshalber zunächst im stillen Kämmerlein und nehmen Sie nicht gleich die guten Gläser. Und noch ein wichtiger Hinweis: Ein am Rand umsäumtes Tischtuch ist gefährlich!

Wie lässt sich dieses wirklich kurze Experiment erklären? Hierfür müssen wir erneut Reibungsprozesse betrachten (vgl. Infokasten „Haft- und Gleitreibung" im Experiment 45). Klar ist: Langsames Ziehen am Tischtuch lässt

Abb. 8.16 Die Tischdecke ist abgeräumt in 0,1 s

die darauf stehenden Gegenstände einfach mitwandern. Die maximale Haftreibungskraft ist dann einfach größer als die beschleunigende Kraft. Der entscheidende Punkt ist die sehr schnell auszuführende Zugbewegung. Bei genauerer Betrachtung – z. B. einer Hochgeschwindigkeitsaufnahme – ist zu erkennen, dass die Gegenstände sehr wohl eine kleine Beschleunigung erfahren und ein wenig ins Wackeln kommen. Das Wackeln gilt insbesondere für Gegenstände, deren Massenschwerpunkt sich relativ weit oberhalb der Tischfläche befindet und dadurch ein merkliches Drehmoment entsteht, z. B. bei einem Weinglas. Bei sehr schnellem Ziehen geht die Haftreibung fast augenblicklich in die Gleitreibung über. Die zum Beschleunigen erforderliche Kraft ist nun größer als die maximale Haftreibungskraft. Aufgrund der Kürze der Zeit für den Vorgang wandern die Gegenstände relativ zum Tisch kaum ein Stück, sondern „rutschen" über das Tischtuch.

Gehen wir an dieser Stelle kurz auf das für dieses Experiment zur Erklärung häufig bemühte 1. Newton'sche Gesetz (Trägheitsgesetz) ein. Dieses Gesetz besagt, dass ein Körper nicht beschleunigt wird, solange es keine auf ihn einwirkende Nettokraft gibt. Nun ist aber die Situation auf dem Tisch ganz offensichtlich eine andere. Durch das Ziehen am Tischtuch ist die Bedingung „Nettokraft auf den Köper ist null" keinesfalls mehr gegeben. Es wirken sehr wohl zusätzliche Kräfte auf die Gegenstände und wir können das am Ruckeln und Wackeln auch gut sehen. Der springende Punkt ist die sehr kurze Zeit der Einwirkung der Kraft. Ist diese Zeit zu lang, bewegen sich die Gegenstände über längere Strecken mit dem Tischtuch bzw. sie fallen wegen des entstehenden Drehmomentes um (Abb. 8.17a). Ist die Zeitspanne der Einwirkung sehr klein, bewegen sich die Gegenstände ebenfalls, aber eben nur für diese kurze Zeitspanne. Die auch

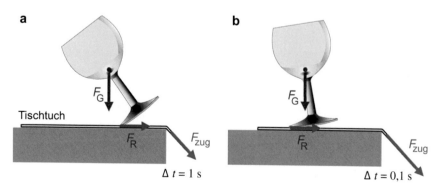

Abb. 8.17 Weinglas auf weggezogenem Tischtuch; langsam gezogen (**a**), sehr schnell gezogen (**b**)

hierbei entstehenden Drehmomente können den Schwerpunkt wegen der kurzen Zeitdauer nicht aus ihrer Position über der Grundfläche bringen, der Gegenstand wackelt, aber er kippt nicht um (Abb. 8.17b).

Fazit: Solange niemand am Tischtuch zieht, lässt sich die Situation wunderbar mit dem 1. Newton'schen Gesetz beschreiben. Nur ist es eben auch nicht aufregend. Wird am Tuch gezogen, wirken auf das Glas Zug- und Reibungskraft ein, deren Summe nicht null ist! Entscheidend dafür, ob der Tisch unfallfrei abgeräumt wird, ist eine sehr kurze Zeitspanne, in der die Gegenstände auf dem Tischtuch keine Gelegenheit haben, weit zu wandern oder zu verkippen.

Für die Minimierung des Wanderbestrebens der Gegenstände ist eine möglichst geringe Reibungskraft zwischen Gegenstand und Tischtuch hilfreich. Glatte Baumwollstoffe oder Seide unterstützen den Erfolg dieses Experimentes. Wir haben in einem sehr einfachen Messexperiment die Reibungskoeffizienten am Beispiel der Kombination Weinglas-Baumwolltischtuch bestimmt. Für eine etwas genauere Messung wurde das im Tischtuchexperiment verwendete Glas zusätzlich mit Wasser gefüllt. Am Verhältnis von Zugkraft und Normalkraft ändert sich dadurch nichts. Aus der Gleichung $F_R = \mu \cdot F_N$ können die Reibungskoeffizienten als Verhältnis von Reibungskraft und Normalkraft bestimmt werden.

Das gefüllte Glas hat eine Masse von 470 g, was einer Gewichtskraft bzw. Normalkraft von 4,61 N entspricht. Mit einem Federkraftmesser wurden aus mehrfachen Wiederholungen die Mittelwerte der Kraft bestimmt, die erforderlich ist, um das Glas in Bewegung zu setzen sowie die Mittelwerte der Kraft, die erforderlich ist, das Glas dann mit konstanter Geschwindigkeit über die Unterlage zu ziehen. Diese Messungen wurden auf dem fixierten Tischtuch mit folgenden Ergebnissen durchgeführt (Tab. 8.1):

Für die im Experiment ebenfalls eingesetzten anderen Gegenstände (Glasflasche und Porzellanteller) können ähnliche Werte angenommen werden.

Eine Videoanalyse des in Abb. 8.16 dargestellten Vorgangs liefert für die Beschleunigung der Tischdecke einen Maximalwert von 6,5 m/s². Somit

Tab. 8.1 Experimentelle Bestimmung von Reibungskoeffizienten (F_N = 4,61 N in allen Fällen)

Material-kombination	Haftreibungs-kraft in N	Haftreibungs-koeffizient μ_{HR}	Gleitreibungs-kraft in N	Gleitreibungs-koeffizient μ_{GR}
Glas/glatte Baumwolle	0,70	0,15	0,65	0,14

müsste auf das 0,22 kg schwere leere Glas eine Kraft von ca. 1,4 N wirken, damit es der Tischdeckenbewegung folgen kann. Die maximale Haftreibungskraft liegt jedoch bei nur 0,7 N, weshalb das Glas nicht im gleichen Maße mitbeschleunigt werden kann. Bei befülltem Glas wäre die zum Beschleunigen notwendige Kraft sogar 6-mal so groß wie die Haftreibungskraft.

Flasche leer? Licht aus!

Experiment 50: Kerzen durch die Flasche ausblasen

Nun, nachdem das Abräumen schon begonnen wurde, sind wir wohl tatsächlich am Ende angekommen. Aber halt! Noch stehen ja die Flaschen auf dem Tisch und noch brennen gemütlich ein paar Kerzen. Damit ergibt sich noch eine vorläufig letzte Gelegenheit für physikalische Überlegungen.

Bevor wir die Tafel verlassen, sollten doch lieber die brennenden Kerzen gelöscht werden. Wie wäre es, sie durch eine der herumstehenden Flaschen hindurch auszublasen? Versuchen wir es …

Ganz offensichtlich gelingt dieser Versuch. Natürlich können wir nicht durch das Flaschenglas pusten, die Luft findet ihren Weg aber dennoch in den vermeintlichen Windschatten hinter der Flasche. Eine erste Vermutung scheint das Ergebnis auch zu erklären. Das Stromlinienbild eines senkrecht zu einem Zylinder (unsere Weinflasche) strömenden Mediums zeigt, wie die Strömung sich am Staupunkt S_1 symmetrisch aufteilt. Hinter dem Zylinder läuft die Strömung bei S_2 wieder zusammen (Abb. 8.18). Man könnte sich also damit zufriedengeben, dass es keinen richtigen Windschatten gibt und deshalb die Kerze auch einfach ausgeblasen werden kann.

Ganz so einfach ist die Erklärung der ausgeblasenen Kerze aber nicht! Der Versuch ist nämlich noch etwas erstaunlicher – wenn man nur ganz

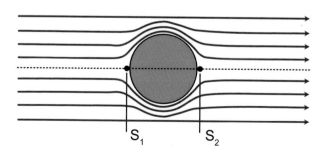

Abb. 8.18 Stromlinienbild eines idealen strömenden Mediums um einen Zylinder

genau hinschaut. Beginnt jemand hinter der Flasche zu pusten, dann kann beobachtet werden, wie die Kerzenflamme sich zu Beginn des Vorgangs völlig überraschend zunächst in die Richtung der Flasche neigt (Abb. 8.19a), dann herumzappelt und schließlich erlischt. Probieren Sie es aus, die Slow-Motion-Videofunktion Ihres Smartphones kann das deutlich zeigen.

Die unerwartete Neigung der Flamme in die „falsche" Richtung wirft die Frage nach den Strömungsverhältnissen noch einmal neu auf.

Beim Stromlinienbild in Abb. 8.18 wird eine sogenannte *ideale Flüssigkeit* als strömendes Medium angenommen. Genau genommen würde ein Körper einer solchen Strömung gar keinen Widerstand entgegensetzen. Reale Strömungen wie Wasser oder auch Wind (Luft) unterscheiden sich von den idealen Strömungen durch die Reibung zwischen ihren Schichten. Dadurch ändert sich das Strömungsbild hinter dem umströmten Körper entscheidend. Die Strömung folgt dann nicht mehr der Kontur des Körpers und läuft eben nicht am hinteren Staupunkt zusammen, sondern sie trennt sich deutlich früher von der Oberfläche des Hindernisses. Sie reißt ab und bildet Wirbel.

Ist eine Strömung nicht zu stark, dann wird in der Physik von einer niedrigen *Reynolds-Zahl* gesprochen. In diesem Fall bilden sich hinter dem umströmten Zylinder zeitlich stabile (stationäre) Wirbel aus, die gegenläufig sind. Das ist genau der Effekt, der beim nicht zu heftigen Ausblasen der Kerzenflamme hinter einer Weinflasche zu beobachten ist. Direkt hinter der Flasche, zwischen den Wirbeln ist ein Gebiet mit einer Strömungsrichtung entgegengesetzt zur eigentlichen Strömung. Diese Wirbel lassen die Flamme,

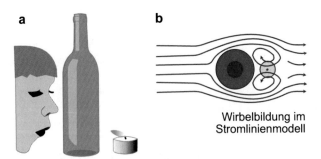

Wirbelbildung im
Stromlinienmodell

Abb. 8.19 Eine brennende Kerze wird scheinbar durch die Flasche hindurch ausgeblasen. Erstaunlich ist die Richtung der Kerzenflamme zu Beginn des Vorgangs

bevor sie erlischt, in die rückwärtige Richtung zur Weinflasche hin bewegen (Abb. 8.19b).

Reynolds-Zahl, Strömungstyp und Wirbelbildung

Strömungen in Gefäßen und um Körper lassen sich in Abhängigkeit verschiedener Größen beschreiben. Eine *ideale Strömung* kennzeichnet die Reibungsfreiheit zwischen den Schichten eines strömenden Mediums und führt zu Strömungssituationen wie in Abb. 8.18.
Reale Strömungsvorgänge werden durch die *Reynolds-Zahl* (Re) beschrieben.

$$Re = \frac{\rho \cdot v \cdot l}{\eta}$$

Dabei sind ρ die Dichte des strömenden Mediums, v die Strömungsgeschwindigkeit, l die Abmessung des umströmten (oder durchströmten) Körpers und η die *Viskosität* (Zähflüssigkeit) des strömenden Mediums.
Bei sehr kleinen Reynolds-Zahlen, also bei sehr kleinen Strömungsgeschwindigkeiten oder großen Viskositätswerten, ist eine Strömung *laminar* und *stationär* (zeitlich unveränderlich). Dabei treten keine Verwirbelungen auf, die Strömung erfolgt „schichtweise" und teilt sich symmetrisch um einen umströmten Körper.
Wird die Reynolds-Zahl größer, bilden sich hinter einem umströmten Zylinder symmetrische Wirbel (Abb. 8.19b). Die Strömung bleibt aber weiterhin stationär.
Werden die Strömungsgeschwindigkeit und damit auch die Reynolds-Zahl weiter gesteigert, kommt es zum wechselweisen asymmetrischen Abriss der Wirbel und zur Ausbildung einer sogenannten *Kármán'schen Wirbelstraße*. Die Strömung wird dann auf der Rückseite des umströmten Körpers *instationär*.
Bei weiterer Steigerung der Strömungsgeschwindigkeit beginnt die Umströmung des Körpers schließlich *turbulent* zu werden.

Liebe Leserin, lieber Leser, nachdem wir mit dem Abräumen schon begonnen und nun auch das letzte Licht gelöscht haben, sind wir wohl unwiderruflich am Ende unserer physikalischen Weinprobe angekommen. Über Hinweise zu den fünfzig Experimenten und weitere Anregungen freuen wir uns als Autoren natürlich sehr. Und wenn Sie beim nächsten Öffnen einer Weinflasche, beim klingenden Anstoßen oder nach dem ärgerlichen Kleckern beim Einschenken auch die Physik hinter den Dingen wiedererkennen, vor allem aber, wenn wir Ihren naturwissenschaftlichen (Wissens-)Durst im Alltag wecken und auch etwas stillen konnten, wenn Sie Spaß gefunden haben an Fragen wie denen hier im Buch, dann haben wir unser Ziel erreicht. In diesem Sinn wünschen wir auch weiterhin: Sehr zum Wohl und bleiben Sie neugierig!

Erratum zu:
Physik mit Barrique

Erratum zu:
L. Kasper und P. Vogt, Physik mit Barrique,
https://doi.org/10.1007/978-3-662-62888-1

Dieses Buch wurde versehentlich ohne die folgenden Korrekturen veröffentlicht:

- S. 13 Im Infokasten sind die Beispiele für Ausdehnungskoeffizienten nun stellengerecht gesetzt.
- S. 63 Gleichung geändert in $f_0 = \frac{c}{2\pi} \cdot \sqrt{\frac{2R}{V}}$
- S. 63 und 64 Gleichung umpositioniert und geändert zu

$$c = 2\pi f_0 \cdot \sqrt{\frac{V}{2R}} = 2\pi \cdot 596\,\text{s}^{-1} \cdot \sqrt{\frac{0{,}7 \cdot 10^{-3}\,\text{m}^3}{2 \cdot 0{,}04\,\text{m}}} = 350\,\text{m} \cdot \text{s}^{-1}$$

Die aktualisierten Originalversionen der Kapitel sind verfügbar unter
https://doi.org/10.1007/978-3-662-62888-1_1
https://doi.org/10.1007/978-3-662-62888-1_3
https://doi.org/10.1007/978-3-662-62888-1_7
https://doi.org/10.1007/978-3-662-62888-1_8

- S. 65 Gleichung geändert zu

$$f_0 = \frac{c}{2\pi} \sqrt{\frac{\pi \cdot R^2}{V \cdot L}}$$

- S. 120 „Schwerekraftwirkungen" geändert in „Schwerkraftwirkungen"
- S. 172 Tab. 8.1 optisch verändert

Literaturverzeichnis und genutzte Apps

Literatur

Amtsblatt der Europäischen Union. VERORDNUNG (EG) Nr. 479/2008 des Rates vom 29. April 2008 über die gemeinsame Marktorganisation für Wein, zur Änderung der Verordnungen (EG) Nr. 1493/1999, (EG) Nr. 1782/2003, (EG) Nr. 1290/2005, (EG) Nr. 3/2008 und zur Aufhebung der Verordnungen (EWG) Nr. 2392/86 und (EG) Nr. 1493/1999.

Brandl, H. (2006). *Trickkiste Chemie* (2. Aufl.). Aulis-Verlag Deubner.

Denninger, G. (2013). Das Ohr trinkt mit: Schwingungen von Weingläsern und deren Klang. *Physik in unserer Zeit, 44*(3), 142–146.

Gerthsen, C. (1999). *Gerthsen Physik* (20. akt. Aufl.). Springer.

Gruber, W. (2006). *Unglaublich einfach. Einfach unglaublich: Physik für jeden Tag.* Ecowin.

Kasper, L., & Vogt, P. (2020). Corkscrewing and speed of sound: A surprisingly simple experiment. *The Physics Teacher, 58*, 278–279.

Kasper, L., & Vogt, P. (2022). Physik im Weinkeller. Durchs Glas geschaut: Rotwein als Farbfilter. *Physik in unserer Zeit, 1*(53), 43.

Levine, H., & Schwinger, J. (1948). On the radiation of sound from an unflanged circular pipe. *Physical review, 73*(4), 383.

Liger-Belair, G., Cordier, D., et al. (2017). Unveiling CO_2 heterogeneous freezing plumes during champagne cork popping. *Scientific Reports 7, 10938*, 1–12.

Lüders, K., & von Oppen, G. (2008). *Bergmann/Schaefer. Lehrbuch der Experimentalphysik, Band 1, Mechanik, Akustik, Wärme.* De Gruyter.

Mamola, K. C., & Pollock, J. (1993). The breaking broomstick demonstration. *The Physics Teacher, 31*(4), 230–233.

Mangold, K., Shaw, J. A., & Vollmer, M. (2015). Rotwein zu Wasser. Infrarotfotografie mit kommerziellen Digitalkameras. *Physik in unserer Zeit, 1*(46), 12–16.

© Der/die Herausgeber bzw. der/die Autor(en), exklusiv lizenziert an Springer-Verlag GmbH, DE, ein Teil von Springer Nature 2022
L. Kasper und P. Vogt, *Physik mit Barrique*, https://doi.org/10.1007/978-3-662-62888-1

Monteiro, M., Marti, A., Vogt, P., Kasper, L., & Quarthal, D. (2015). Measuring the acoustic response of Helmholtz resonators. *The Physics Teacher, 53,* 247–249.

Myhrvold, N., Young, C., & Bilet, M. (2011). *Modernist cuisine: The art and science of cooking.* The Cooking Lab.

Nickolaus, P. (2018). *Einfluss von Sauerstoff auf die Polymerisation von Rotwein-pigmenten.* Universität Kaiserslautern.

Reclari, M., Dreyer, M., Tissot, S., Obreschkow, D., Wurm, F. M., & Farhat, M. (2014). Surface wave dynamics in orbital shaken cylindrical containers. *Physics of Fluids, 26*(5), 052104.

Schlichting, H. J., & Ucke, C. (1995). Es tönen die Gläser. *Physik in unserer Zeit, 26*(3), 138–139.

Schmidt, W. (1899). *Herons von Alexandria Druckwerke und Automatentheater.* Teubner.

Sigloch, H. (2003). *Technische Fluidmechanik.* Springer.

Sun, T. (2018). *Numerical investigation of mass transfer at non-miscible interfaces including Marangoni force.* Technische Universität München.

Tornaría, F., Monteiro, M., & Marti, A. C. (2014). Understanding coffee spills using a smartphone. *The Physics Teacher, 52,* 502–503.

Trendelenburg, F. (1950). Einführung in die Akustik (2. Aufl.). Springer.

Vogt, P., & Kasper, L. (2015). Abschätzung des Drucks in Sektflaschen mithilfe einer Hochgeschwindigkeitsvideoanalyse. *Naturwissenschaften im Unterricht Physik, 146,* 49–50.

Vogt, P., & Kasper, L. (2021a). Das fallende Weinglas – Ein überraschender Frei-handversuch zum Thema „Rotation". *Naturwissenschaften im Unterricht Physik, 181,* 49–50.

Vogt, P., & Kasper, L. (2021b). Die akustische Schwebung mit Weingläsern: Quantitative Analyse mit dem Smartphone. *Naturwissenschaften im Unterricht Physik, 183/184,* 97–98.

Vogt, P., & Kasper, L. (2022). Physik im Weinkeller. Geschüttelt oder gerührt? – Geschleudert! *Physik in unserer Zeit, 2*(53), 100.

Vogt, P., Kasper, L., & Müller, A. (2014). Physics^{2}Go! Neue Experimente und Fragestellungen rund um das Messwerterfassungssystem Smartphone. *PhyDid B – Didaktik der Physik – Beiträge zur DPG-Frühjahrstagung.*

Vogt, P., Kasper, L., & Burde, J.-P. (2015). The sound of church bells: Tracking down the secret of a traditional arts and crafts trade. *The Physics Teacher, 53,* 438–439.

Vogt, P., Kasper, L., & Burde, J.-P. (2016). More sound of church bells: Authors' correction. *The Physics Teacher, 54,* 52–53.

Apps

RWTH Aachen. (2016). phyphox. Verfügbar für iOS unter: https://ogy.de/phyphox-iOS – für Android unter: https://ogy.de/phyphox-Android.

Sinusoid Pty Ltd. (2020). Audio Kit. Verfügbar für iOS unter: https://ogy.de/Audio-Kit.

Wagner, A. (2011). Spektroskop. Verfügbar für iOS unter: https://ogy.de/Spektroskop.

Ziegler, M. (2014). Spaichinger Schallanalysator. Verfügbar für iOS unter: https://ogy.de/Schallanalysator-iOS – für Android unter: https://ogy.de/Schallanalysator-Android.

Stichwortverzeichnis

Printed in the United States
by Baker & Taylor Publisher Services